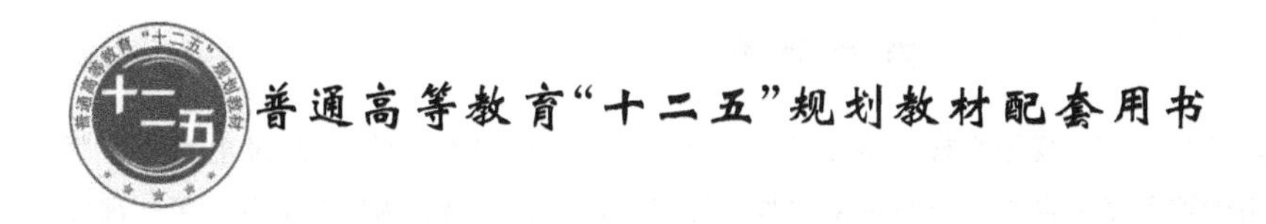

普通高等教育"十二五"规划教材配套用书

C语言程序设计实验指导

主　编　吴　伶　肖　毅
副主编　傅自钢　何　轶　罗　帅

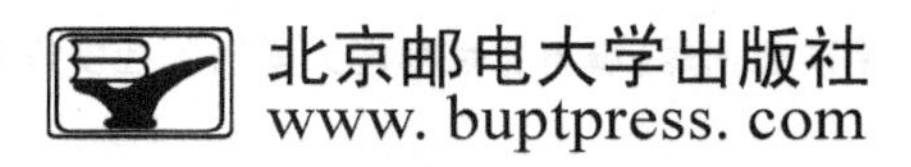

内 容 简 介

本书为普通高等教育"十二五"规划教材《C 语言程序设计》(吴伶、傅自钢主编，北京邮电大学出版社出版)的配套用书，用于辅助读者自主学习和帮助教师进行实验教学。全书分为四个部分。第一部分为 C 语言实验指导，根据读者使用不同的 C 语言开发环境分别介绍了 Turbo C 和 Visual C++集成开发环境的使用及相关的知识。第二部分为上机实验部分，结合主教材各章节的内容精心编排了 13 个实验以引导读者尽快掌握 C 语言的语法知识和编程技巧。第三部分为 C 语言经典算法举例，根据算法设计的 7 个常用领域列举了大量的例题分析以帮助读者了解并尽快掌握常用算法设计的方法，培养读者的计算思维能力。第四部分为主教材《C 语言程序设计》课后习题的参考答案。

本书可作为高等院校理工类学生 C 语言程序设计课程的实验教学用书，也可作为全国计算机等级考试二级 C 语言的培训或自学教材。

图书在版编目(CIP)数据

C 语言程序设计实验指导 / 吴伶，肖毅主编. -- 北京：北京邮电大学出版社，2016.1（2024.12 重印）
ISBN 978-7-5635-4649-7

Ⅰ. ①C… Ⅱ. ①吴… ②肖… Ⅲ. ①C 语言－程序设计－高等学校－教材 Ⅳ. ①TP312

中国版本图书馆 CIP 数据核字（2016）第 017961 号

书　　名：C 语言程序设计实验指导
著作责任者：吴　伶　肖　毅　主编
责 任 编 辑：张珊珊
出 版 发 行：北京邮电大学出版社
社　　址：北京市海淀区西土城路 10 号(邮编：100876)
发 行 部：电话：010-62282185　传真：010-62283578
E-mail：publish@bupt. edu. cn
经　　销：各地新华书店
印　　刷：河北虎彩印刷有限公司
开　　本：787 mm×1 092 mm　1/16
印　　张：12
字　　数：250 千字
版　　次：2016 年 1 月第 1 版　　2024 年 12 月第 6 次印刷

ISBN 978-7-5635-4649-7　　定　价：25.00 元

前　言

C语言具有灵活、高效、移植性强等特点，发展至今仍然保持着强大的生命力。C语言程序设计被大多数理工类专业选为程序设计基础课程。

本书围绕高等院校理工类专业计算机课程的教学实际设计教学思路，以改革计算机教学、适应新的社会需求为出发点，以教育部高等学校计算机基础教学指导委员会制定的《程序设计语言课程大纲》为主线，以培养学生应用计算思维的方法分析问题和解决问题的能力为目标，根据全国高等院校计算机基础教育研究会提出的《中国高等院校计算机基础教育课程体系2014》报告的要求进行编写。

C语言程序设计是一门实践性很强的课程，加强实践训练是学习和掌握C语言程序设计的重要环节，学习者必须通过大量的练习和编程训练，在实践中掌握C语言程序设计知识，培养程序设计技能。逐步理解和掌握程序设计思想和方法，从而具备一定的应用计算机求解实际问题的能力。为配合教材《C语言程序设计》(吴伶、傅自钢主编，北京邮电大学出版社出版)的实践教学，我们特编写了本实验教程。

全书分为四个部分，第一部分为C语言实验指导，根据读者使用不同的C语言开发环境分别介绍了Turbo C和Visual C＋＋集成开发环境的使用及相关的知识。第二部分为上机实验部分，结合主教材各章节的内容精心编排了13个实验以引导读者尽快掌握C语言的语法知识和编程技巧。第三部分为C语言经典算法举例，根据算法设计的7个常用领域列举了大量的例题分析以帮助读者了解并尽快掌握常用算法设计的方法，培养读者应用计算思维的方法分析和解决问题的能力。第四部分为主教材《C语言程序设计》课后习题的参考答案。

本书由湖南农业大学信息科学技术学院组织编写。参加本书编写的作者都是长期从事计算机教学的一线高校教师，具有丰富的教学经验。为了便于教师组织教学和读者自主学习，本教材有专门的辅助教学网站www.5ic.net.

cn供读者在网上自主学习，并提供教师贯穿教学全过程的帮助。本教材的配套电子资料可在出版社的网站上下载。

本书由吴伶、肖毅任主编，傅自钢、何轶、罗帅任副主编。参加编写人员有：拜战胜、刁洪祥、曹晓兰、符国庆、陈垦、聂笑一等老师。研究生李志文、郭赛、米维同学做了部分习题的解答。全书由吴伶教授负责统稿。

借此机会对所有关心、帮助和支持本书出版的领导、学者和各位朋友表示感谢！限于作者水平，书中难免有不足之处。为便于以后教材的修订，恳请各位专家、教师及读者批评指正。

编　者

目　录

第一部分　C 语言实验指导

第二部分 上机实验部分

第三部分　C语言经典算法举例

第四部分　《C语言程序设计》习题参考答案

第一部分　C 语言实验指导

第1章　Turbo C 实验指导

1.1　实验概述

1.1.1　实验的性质和任务

本课程实验的主要任务：通过对该课程的学习，使学生掌握 C 语言程序设计的基本知识、程序结构、基本算法及程序设计思想，并培养使用 C 语言进行程序设计基本能力。

1.1.2　实验的目的

本课程实验的目的：使学生掌握程序设计的基本方法，逐步形成正确的程序设计思想，能够熟练地使用 C 语言进行程序设计并具备调试程序的能力，为后继课程及其他程序设计课程的学习和应用打下基础。

学习 C 程序设计课程不能满足于“看懂了”，即满足于能看懂书上的程序，而应当熟练地掌握程序设计的全过程，即独立编写源程序、独立上机调试、独立运行程序和分析结果。

上机实验的目的，绝不仅仅是为了验证教材和讲课的内容，或者验证自己所编写的程序正确与否，程序设计课程上机实验的目的是：

1. 加深对讲授内容的理解，尤其是一些语法规定，通过实验来掌握语法规则是行之有效的方法；
2. 熟悉所用的操作系统；
3. 学会上机调试程序，通过反复调试程序掌握根据出错信息修改程序的方法；
4. 通过调试完善程序。

1.1.3　实验步骤

上机实验一般经历上机前的准备（编程）、上机调试运行和实验后的总结三个步骤。

1. 上机前的准备

根据问题，进行分析，选择适当算法并编写程序。上机前一定要仔细检查程序(称为静态检查)，直到找不到错误(包括语法和逻辑错误)。分析可能遇到的问题及解决的对策。准备几组测试程序的数据和预期的正确结果，以便发现程序中可能存在的错误。

上机前没有充分的准备，到上机时临时拼凑一个错误百出的程序，宝贵的上机时间白白浪费了；如果抄写或复制一个别人编写的程序，到头来自己一无所获。

2. 上机输入和编辑程序，并调试运行程序

首先调用C语言集成开发环境，输入并编辑事先准备好的源程序；然后调用编译程序对源程序进行编译，查找语法错误，若存在语法错误，重新进入编辑环境，改正后再进行编译，直到通过编译，得到目标程序(扩展名为.OBJ)。下一步是调用连接程序，产生可执行程序(扩展名为.EXE)。使用预先准备的测试数据运行程序，观察是否得到预期的正确结果。若有问题，则仔细调试，排除各种错误，直到得到正确结果。在调试过程中，要充分利用C语言集成开发环境提供的调试手段和工具，例如单步跟踪、设置断点、监视变量值的变化等。整个过程应自己独立完成。不要一点小问题就找老师，学会独立思考，勤于分析，通过自己实践得到的经验用起来更加得心应手。

3. 整理上机实验结果，写出实验报告

实验结束后，要整理实验结果并认真分析和总结，根据教师要求写出实验报告。

实验报告一般包括如下内容：

(1) 实验内容：实验题目与要求。

(2) 算法说明：用文字或流程图说明。

(3) 程序清单：包括必要的注释。

(4) 运行结果：原始数据、相应的运行结果和必要的说明。

(5) 分析与思考：调试过程及调试中遇到的问题及解决办法；调试程序的心得与体会；其他算法的存在与实践等。若最终未完成调试，要认真找出错误并分析原因等。

1.2 Turbo C集成开发环境

Turbo C是一个集程序编辑、编译、连接、调试和运行为一体的C语言程序开发软件，具有速度快、效率高、功能强等特点，使用方便。C语言程序员可在Turbo C集成环境下进行全屏幕编辑，利用窗口功能进行编译、连接、运行环境设置等工作。

1.2.1 Turbo C启动和主界面介绍

首先将Turbo C 2.0系统装入某一磁盘某一目录下，例如放在C:\TC子目录中。输入命令tc↙后即可启动Turbo C。屏幕上显示出Turbo C 2.0的集成开发环境，其中最上一行为 Turbo C 2.0 主菜单，中间窗口为编辑区，接下来是信息窗口，最下面一行为参考行。这 4 个部分构成了 Turbo C 2.0 的主屏幕，如图 1-1 所示。

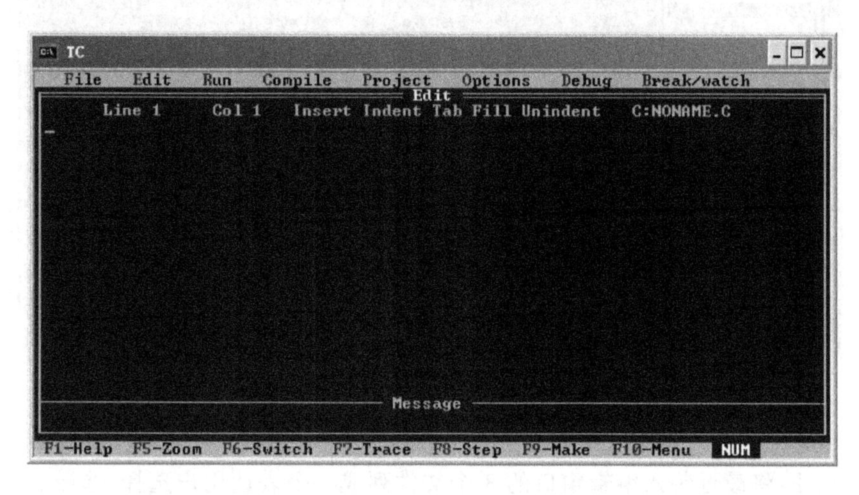

图 1-1　Turbo C 集成开发界面

按 F10 键可以激活主菜单，也可以同时按下 Alt 键和菜单项的首字母键来激活主菜单的某一菜单项，然后就可采用键盘上的"→"和"←"键来选择主菜单中所需要的菜单项，被选中的菜单项以"反白"形式显示，按回车键或"↓"键会下拉出该菜单项的下拉菜单(Edit 菜单项除外)，用"↑"和"↓"键可以在每个下拉菜单中选择所需要的功能，对选中的功能只需按回车键即可执行。

编辑窗口的顶端为状态行，其中：

1. Line 1、Col 1：显示光标所在的行号和列号，即光标位置。

2. Insert：表示编辑状态处于"插入"态。当处于"改写"状态时，此处为空白。用"Insert"键可实现"插入"与"改写"状态之间的转换。

3. C:NONAME. C：显示当前正在编辑的文件名。显示为"NONAME. C"时，表示用户尚未给文件命名。

屏幕底端是 7 个功能键及其说明，还有 Num Lock 键的状态(显示"NUM"时，表示处于"数字键"状态；空白时表示"控制键"状态)。

1.2.2　各菜单项功能

1. File 菜单

按 Alt+F 组合键可进入 File 菜单，如图 1-2 所示。File 菜单的子菜单共有 9 项，分别叙述如下。

(1) Load：装入一个文件，可用类似 DOS 的通配符(如 *. C)来进行列表选择。也可装入其他扩展名的文件，只要给出文件名(或只给路径)即可。该项的热键为 F3，即只要按 F3 即可进入该项，而不需要先进入 File 菜单再选此项。

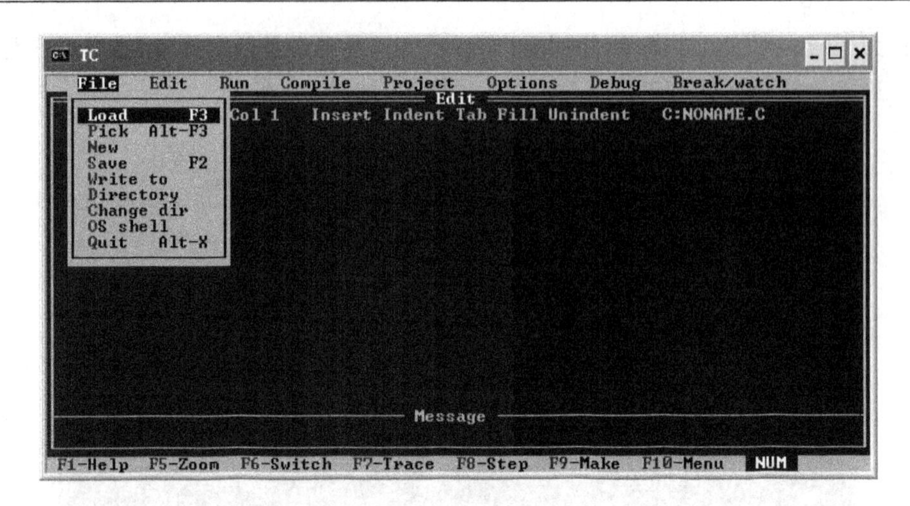

图 1-2　File 菜单

(2) Pick：将最近装入编辑窗口的 8 个文件列成一个表让用户选择，选择后将该程序装入编辑区，并将光标置在上次修改过的地方。其热键为 Alt+F3。

(3) New：新建文件，缺省文件名为 NONAME.C，存盘时可改名。

(4) Save：将编辑区中的文件存盘，若文件名是 NONAME.C 时，将询问是否更改文件名，其热键为 F2。

(5) Write to：可由用户给出文件名将编辑区中的文件存盘，若该文件已存在，则询问要不要覆盖。

(6) Directory：显示目录及目录中的文件，并可由用户选择。

(7) Change dir：显示当前默认目录，用户可以改变默认目录。

(8) Os shell：暂时退出 Turbo C 2.0 到 DOS 提示符下，此时可以运行 DOS 命令，若想回到 Turbo C 2.0 中，只要在 DOS 状态下键入 EXIT 即可。

(9) Quit：退出 Turbo C 2.0，返回到 DOS 操作系统中，其热键为 Alt+X。

说明：以上各项可用光标键移动色棒进行选择，回车则执行。也可用每一项的第一个大写字母直接选择。若要退到主菜单或从它的下一级菜单列表框退回均可用 Esc 键，Turbo C 2.0 所有菜单均采用这种方法进行操作，以下不再说明。

2. Edit 菜单

按 Alt+E 可进入编辑菜单，若再回车，则光标出现在编辑窗口，此时用户可以进行文本编辑。编辑方法基本与 wordstar 相同，可用 F1 键获得有关编辑方法的帮助信息。具体内容参看表 1-1 和表 1-2。

表 1-1　编辑功能键说明

按键	功能
F1	获得 Turbo C 2.0 编辑命令的帮助信息

续 表

按键	功能
F5	扩大编辑窗口到整个屏幕
F6	在编辑窗口与信息窗口之间进行切换
F10	从编辑窗口转到主菜单

表 1-2　编辑命令说明

编辑命令	功能
PageUp	向前翻页
PageDn	向后翻页
Home	将光标移到所在行的开始
End	将光标移到所在行的结尾
Ctrl+Y	删除光标所在的一行
Ctrl+T	删除光标所在处的一个词
Ctrl+KB	设置块开始
Ctrl+KK	设置块结尾
Ctrl+KV	块移动
Ctrl+KC	块拷贝
Ctrl+KY	块删除
Ctrl+KR	读文件
Ctrl+KW	存文件
Ctrl+KP	块文件打印
Ctrl+F1	如果光标所在处为 Turbo C 2.0 库函数，则获得有关该函数的帮助信息
Ctrl+Q[	查找 Turbo C 2.0 双界符的后匹配符
Ctrl+Q]	查找 Turbo C 2.0 双界符的前匹配符

Turbo C 2.0 在编辑文件时还有一种功能，就是能够自动缩进，即光标定位和上一个非空字符对齐。在编辑窗口中，Ctrl+OL 为自动缩进开关的控制键。

3. Run 菜单

按 Alt+R 可进入 Run 菜单，该菜单有以下各项，如图 1-3 所示。

(1) Run：运行由 Project/Project name 项指定的文件名或当前编辑区的文件。如果对上次编译后的源代码未做过修改，则直接运行到下一个断点（没有断点则运行到结束）。否则先进行编译、连接后才运行，其热键为 Ctrl+F9。

(2) Program reset：中止当前的调试，释放分给程序的空间，其热键为 Ctrl+F2。

(3) Go to cursor：调试程序时使用，选择该项可使程序运行到光标所在行。光标所在行必须为一条可执行语句，否则提示错误，其热键为 F4。

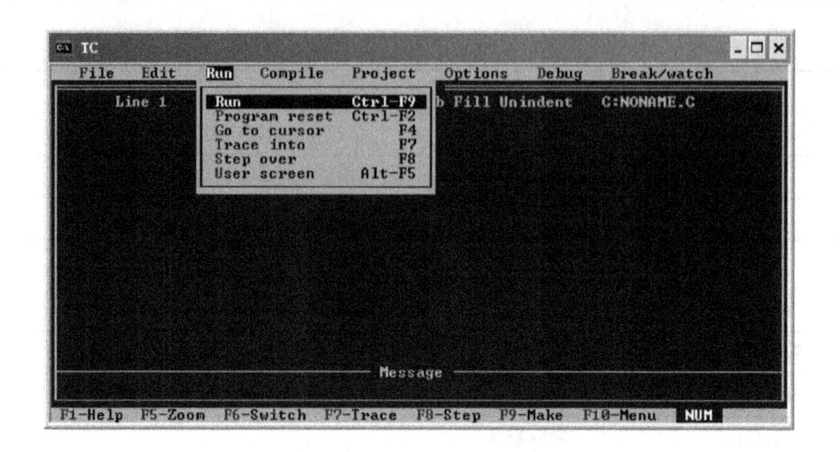

图 1-3 Run 菜单

(4) Trace into:在执行一条调用其他用户定义的子函数时,若用 Trace into 项,则执行长条将跟踪到该子函数内部去执行,其热键为 F7。

(5) Step over:执行当前函数的下一条语句,即使用户函数调用,执行长条也不会跟踪进函数内部,其热键为 F8。

(6) User screen:显示程序运行时在屏幕上显示的结果。其热键为 Alt+F5。

4. Compile 菜单

按 Alt+C 可进入 Compile 菜单,该菜单有以下几个内容,如图 1-4 所示。

(1) Compile to OBJ:将一个 C 源文件编译生成. OBJ 目标文件,同时显示生成的文件名。其热键为 Alt+F9。

(2) Make EXE file:此命令生成一个. EXE 的文件,并显示生成的. EXE 文件名。其中. EXE 文件名是下面几项之一:

① 由 Project/Project name 说明的项目文件名;

② 若没有项目文件名,则由 Primary C file 说明的源文件;

③ 若以上两项都没有文件名,则为当前窗口的文件名。

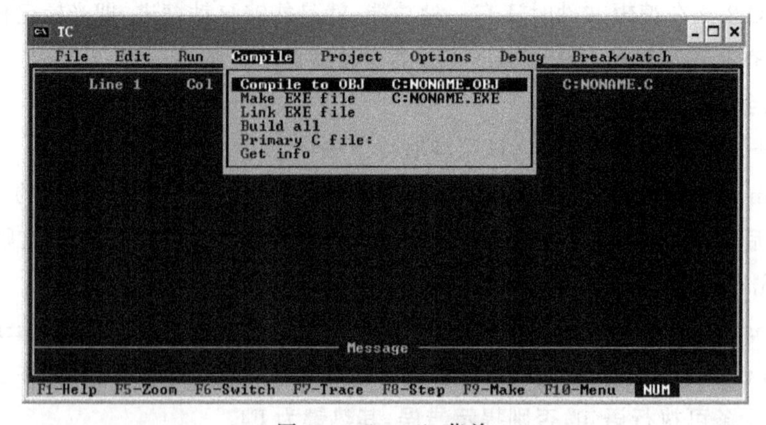

图 1-4 Compile 菜单

(3) Link EXE file:把当前.OBJ 文件及库文件连接在一起生成.EXE 文件。

(4) Build all:重新编译项目里的所有文件,并进行装配生成.EXE 文件。该命令不做过时检查(上面的几条命令要做过时检查,即如果目前项目里源文件的日期和时间与目标文件相同或更早,则拒绝对源文件进行编译)。

(5) Primary C file:当在该项中指定了主文件后,在以后的编译中,如没有项目文件名则编译此项中规定的主 C 文件,如果编译中有错误,则将此文件调入编辑窗口,不管目前窗口中是不是主 C 文件。

(6) Get info:获得有关当前路径、源文件名、源文件字节大小、编译中的错误数目和可用空间等信息。

5. Project 菜单

按 Alt+P 可进入 Project 菜单,该菜单包括以下内容,如图 1-5 所示。

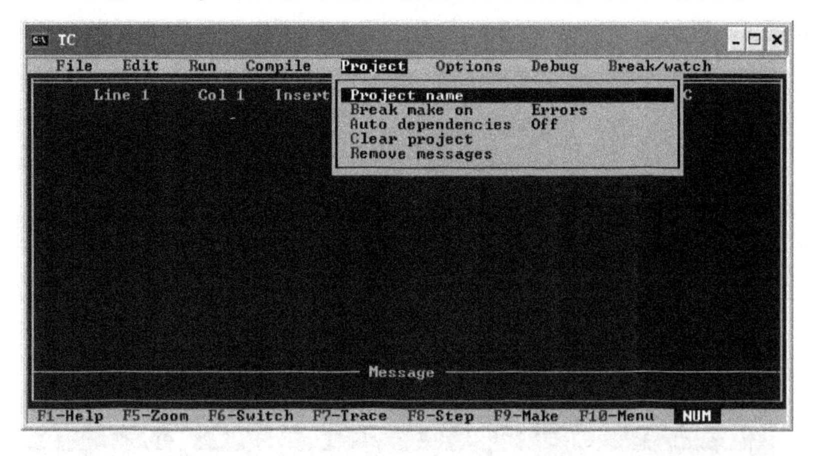

图 1-5 Project 菜单

(1) Project name:项目名具有.PRJ 的扩展名,其中包括将要编译、连接的文件名。

例如有一个程序由 file1.c,file2.c,file3.c 组成,要将这 3 个文件编译装配成一个 file.exe 的执行文件,可以先建立一个 file.prj 的项目文件,其内容如下:

file1.c

file2.c

file3.c

此时将 file.prj 放入 Project name 项中,以后进行编译时将自动对项目文件中规定的三个源文件分别进行编译。然后连接成 file.exe 文件。如果其中有些文件已经编译成.OBJ 文件,而又没有修改过,可直接写上.OBJ 扩展名。此时将不再编译而只进行连接。例如:

file1.obj

file2.c

file3.c

将不对 file1.c 进行编译，而直接连接。

说明：(1) 当项目文件中的每个文件无扩展名时，均按源文件对待，另外，其中的文件也可以是库文件，但必须写上扩展名.LIB。

(2) Break make on：由用户选择是否在有 Warning、Errors、Fatal Errors 时或 Link 之前退出 Make 编译。

(3) Auto dependencies：当开关置为 on，编译时将检查源文件与对应的.OBJ 文件日期和时间，否则不进行检查。

(4) Clear project：清除 Project/Project name 中的项目文件名。

(5) Remove messages：把错误信息从信息窗口中清除掉。

6. Options 菜单

按 Alt+O 可进入 Options 菜单，该菜单对初学者来说要谨慎使用，该菜单有以下几个内容，如图 1-6 所示。

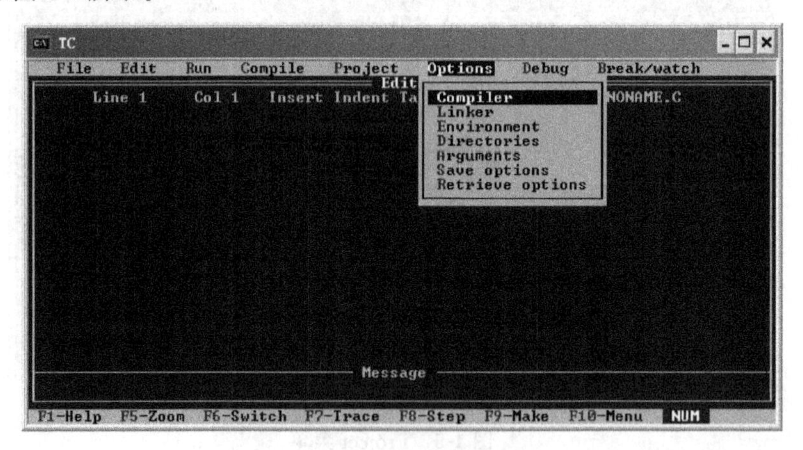

图 1-6 Options 菜单

(1) Compiler：本项选择又有许多子菜单，可以让用户选择硬件配置、存储模型、调试技术、代码优化、对话信息控制和宏定义。

(2) Linker：本菜单设置有关连接的选择项。

(3) Environment：菜单规定是否对某些文件自动存盘及制表键和屏幕大小的设置，它有以下内容，如图 1-7 所示。

① Message tracking：有三个选项。

- Current file 跟踪在编辑窗口中的文件错误。
- All files 跟踪所有文件错误。
- Off 不跟踪。

② Keep message ：编译前是否清除 Message 窗口中的信息。

③ Config auto save：选 on 时，在 Run、Shell 或退出集成开发环境之前，如果 Turbo C 2.0 的配置被改过，则所做的改动将存入配置文件中；选 off 时不存。

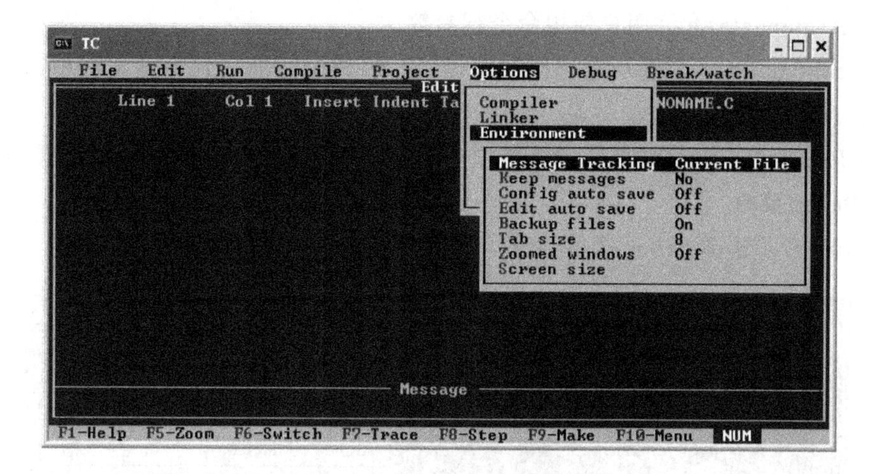

图 1-7 Environment 菜单

④ Edit auto save:是否在 Run 或 Shell 之前,自动存储编辑的源文件。

⑤ Backup file:是否在源文件存盘时产生后备文件(.BAK 文件)。

⑥ Tab size:设置制表键大小,默认为 8。

⑦ Zoomed windows:将现行活动窗口放大到整个屏幕,其热键为 F5。

⑧ Screen size:设置屏幕文本大小。

(4) Directories:规定编译、连接所需文件的路径,有下列各项,如图 1-8 所示。

① Include directories:包含文件的路径,多个子目录用“;”。

② Library directories:库文件路径,多个子目录用“;”分开。

③ Output directoried:输出文件(.OBJ,.EXE,.MAP 文件)的目录。

④ Turbo C directoried:Turbo C 所在的目录。

⑤ Pick file name:定义加载的 pick 文件名,如不定义则从 currentpick file 中取。

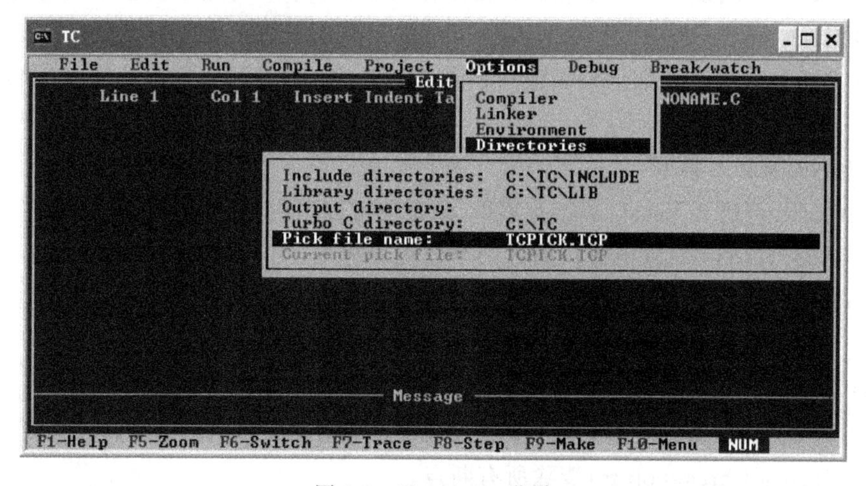

图 1-8 Directories 菜单

(5) Arguments：允许用户使用命令行参数。

(6) Save options：保存所有选择的编译、连接、调试和项目到配置文件中，缺省的配置文件为 TCCONFIG. TC。

(7) Retrive options：装入一个配置文件到 TC 中，TC 将使用该文件的选择项。

7. Debug 菜单

按 Alt+D 可选择 Debug 菜单，该菜单主要用于查错，它包括以下内容，如图 1-9 所示。

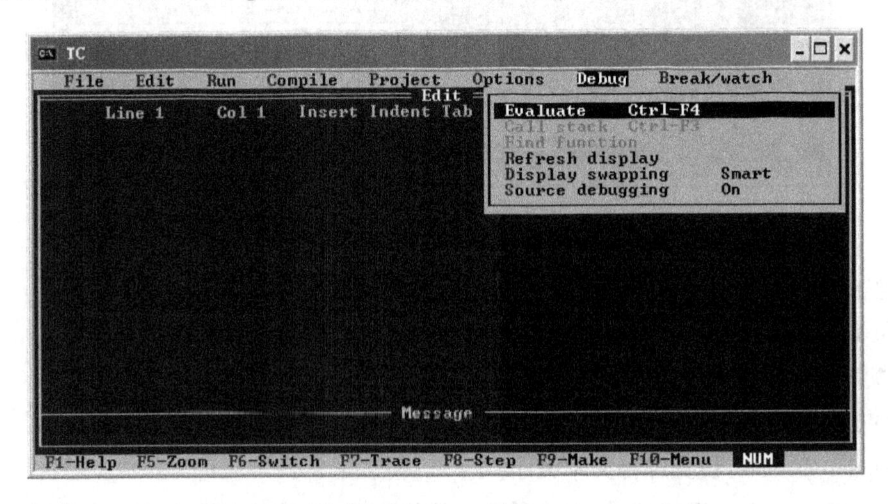

图 1-9 Debug 菜单

(1) Evaluate：有三个选项。

① Expression：要计算结果的表达式。

② Result：显示表达式的计算结果。

③ New value：赋给新值。

(2) Call stack：该项不可接触。而在 Turbo C debuger 时用于检查堆栈情况。

(3) Find function 在运行 Turbo C debugger 时用于显示规定的函数。

(4) Refresh display 如果编辑窗口偶然被用户窗口重写了，可用此恢复编辑窗口的内容。

8. Break/watch 菜单

按 Alt+B 可进入 Break/watch 菜单，该菜单有以下内容，如图 1-10 所示。

(1) Add watch：向监视窗口插入一个监视表达式。

(2) Delete watch：从监视窗口中删除当前的监视表达式。

(3) Edit watch：在监视窗口中编辑一个监视表达式。

(4) Remove all ：watches 从监视窗口中删除所有的监视表达式。

(5) Toggle breakpoint：对光标所在的行设置或清除断点。

(6) Clear all breakpoints：清除所有断点。

(7) View next breakpoint：将光标移动到下一个断点处。

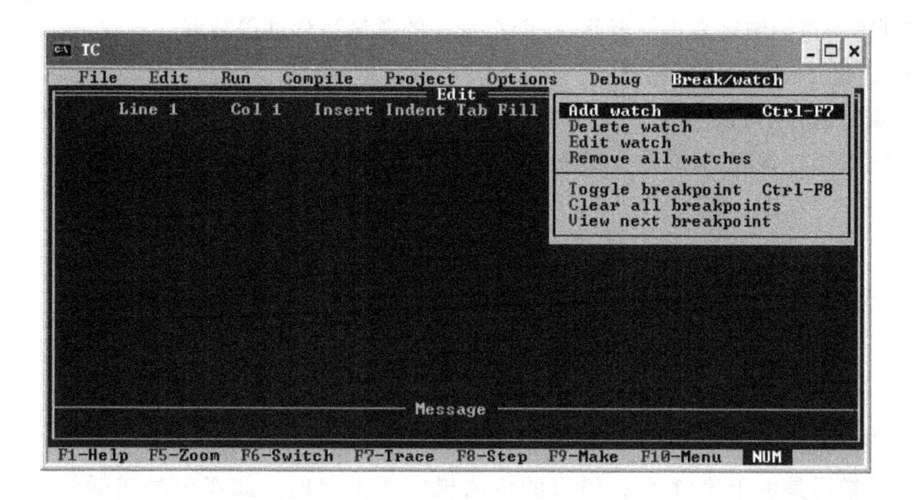

图 1-10　Break/watch 菜单

1.2.3　C语言程序的调试过程

1. 编辑源程序

在编辑(Edit)状态下可以根据需要输入或修改源程序。然后应选择“File”菜单下的“Save”功能或直接按 F2 键将源程序存盘,如果此前已存过盘,则系统不作任何提示直接存盘,若未存过盘且采用的是系统默认的“NONAME.C”文件名,则系统会弹出一个对话框,要求输入一个文件名,此时可更名保存。

2. 编译、连接源程序

选择“Compile”菜单项并在其下拉菜单中选择“Compile to OBJ”进行编译,得到一个后缀为.obj 的同名目标程序,选择“Compile”菜单下的“Link EXE file”进行连接操作,可得到一个后缀为.exe 的同名可执行文件。

如果编译、连接出现错误,则应返回编辑状态修改源程序,然后再保存、编译、连接,反复进行,直到无错误为止,进入下一步。

3. 运行可执行程序

选择“Run”菜单下的“Run”功能或同时按下“Ctrl”和“F9”键,则系统执行编译好的目标文件。此时,TC 集成环境窗口消失,屏幕上显示出程序运行时输出的结果。如果程序需要输入数据,则应在此时,从键盘输入所需数据,然后程序会接着执行,输出结果。

4. 查看运行结果

程序运行输出结果后,一般会返回到编辑状态,若想查看运行结果,可以选择“Run”菜单下的“User screen”功能或同时按下“Alt”和“F5”键,系统会返回用户屏幕,用户可以查看运行结果。

如果发现运行结果不对,则应回到编辑状态重新修改源程序,然后再保存、编译、执行，直到得到正确结果为止。至此，一个 C 程序的调试运行过程结束。

5. 退出 Turbo C 2.0 系统

结束 C 程序，可以选择“File”菜单下的“Quit”功能或同时按下“Alt”和“X”键，均可脱离 Turbo C 2.0 系统，返回操作系统。

1.3 常见错误分析

1.3.1 错误类型

1. 语法错误

语法错误是由于违背了 C 语言的语法规定而引起的。如双引号或括号不全、do-while 语句缺少 while、使用关键字作变量名等，对这类错误，编译程序一般都能检测出来，给出“出错信息”，并且告诉你在哪一行出错，只要细心，是可以很快发现并排除的。

下面是常见的此类错误：

(1) 数据类型错误；

(2) 将函数后面的“;”忘掉；

(3) 给宏指令如 #include，#define 等语句尾加了“;”号；

(4) “{”和“}”、“(”和“)”、“/ * ”和“ * /”不匹配；

(5) 没有用 #include 指令说明头文件；

(6) 使用了 Turbo C 保留关键字作为标识符；

(7) 将定义变量语句放在了执行语句后面；

(8) 使用了未定义的变量，此时屏幕显示；

(9) 将关系符“==”误用作赋值号“=”。

2. 逻辑错误

逻辑错误是由于程序的结构或算法错误引起的。程序并没有语法错误，程序运行过程中也没有发生错误，只是最后的运行结果并不是希望的结果。

(1) Turbo C 库函数名写错。这种情况下在连接时将会认为此函数是用户自定义函数。此时屏幕显示：Undefined symbol ‘＜函数名＞’ in ＜程序名＞。

(2) 多个文件连接时，没有在“Project/Project name”中指定项目文件（.PRJ 文件），此时出现找不到函数的错误。

(3) 子函数在说明和定义时类型不一致。

(4) 程序调用的子函数没有定义。

3. 运行错误

运行错误是指程序既无语法错误，也无逻辑错误，但在运行时出现错误甚至停止运行，此类错误是最常见的。常见类型如下。

(1) 路径名错误:在 MS-DOS 中,斜杠(\)表示一个目录名;而在 Turbo C 中斜杠是某个字符串的一个转义字符,这样在用 Turbo C 字符串给出一个路径名时应考虑"\"的转义的作用。例如,有这样一条语句:

```
file = fopen("c:\new\tbc.dat","rb");
```

目的是打开 C 盘中 NEW 目录中的 TBC.DAT 文件,但做不到。这里"\"后面紧接的分别是"n"及"t","\n"及"\t"将被分别编译为换行及 tab 字符,DOS 将认为它是不正确的文件名而拒绝接受,因为文件名中不能有换行或 tab 字符。正确的写法应为:

```
file = fopen("c:\\new\\tbc.dat","rb");
```

(2) 格式化输入/输出时,规定的类型与变量本身的类型不一致。例如:

```
float l;
printf(" %c",l);
```

(3) scanf()函数中将变量地址写成变量。例如:

```
int l;
scanf(" %d",l);
```

(4) 循环语句中,循环控制变量在每次循环未进行修改,使循环成为无限循环。

(5) switch 语句中没有使用 break 语句。

(6) 将赋值号"="误用作关系符"=="。

(7) 多层条件语句的 if 和 else 不配对。

(8) 用动态内存分配函数 malloc()或 calloc()分配的内存区使用完之后,未用 free()函数释放,会导致函数前几次调用正常,而后面调用时发生死机现象,不能返回操作系统。其原因是因为没用空间可供分配,而占用了操作系统在内存中的某些空间。

(9) 使用了动态分配内存不成功的指针,造成系统破坏。

(10) 在对文件操作时,没有在使用完及时关闭打开的文件。

1.3.2 常见错误举例

C 语言的最大特点是功能强、使用方便灵活。C 编译的程序对语法检查并不像其他高级语言那么严格,这就给编程人员留下"灵活的余地",但还是由于这个灵活给程序的调试带来了许多不便,尤其对初学 C 语言的人来说,经常会出一些连自己都不知道错在哪里的错误。看着有错的程序,不知该如何改起。下面将初学者在学习和使用 C 语言时容易犯的错误列举出来,这些内容在前面各章中大多已谈到,为便于查阅,在本节集中列举,供初学者参考。

1. 书写标识符时,忽略了大小写字母的区别

例如:

```
main()
{
```

```
  int a=5;
  printf("%d",A);
}
```

编译程序把a和A认为是两个不同的变量名，而显示出错信息。C认为大写字母和小写字母是两个不同的字符。习惯上，符号常量名用大写，变量名用小写表示，以增加可读性。

2. 忽略了变量的类型，进行了不合法的运算

例如：

```
main()
{
  float a,b;
  printf("%d",a%b);
}
```

%是求余运算，得到a/b的整余数。整型变量a和b可以进行求余运算，而实型变量则不允许进行"求余"运算。

3. 将字符常量与字符串常量混淆

例如：

```
char c;
c="a";
```

在这里就混淆了字符常量与字符串常量，字符常量是由一对单引号括起来的单个字符，字符串常量是一对双引号括起来的字符序列。C规定以"\"作字符串结束标志，它是由系统自动加上的，所以字符串"a"实际上包含两个字符：'a'和'\'，而把它赋给一个字符变量是不行的。

4. 忽略了"="与"=="的区别

在许多高级语言中，用"="符号作为关系运算符"等于"。如在BASIC程序中可以写成：

```
if (a=3) then…
```

但C语言中，"="是赋值运算符，"=="是关系运算符。例如：

```
if (a==3) a=b;
```

前者是进行比较，a是否和3相等；后者表示如果a和3相等，把b值赋给a。由于习惯问题，初学者往往会犯这样的错误。

5. 忘记加分号

分号是C语句中不可缺少的一部分，语句末尾必须有分号。例如：

```
a=1
b=2
```

编译时，编译程序在"a=1"后面没发现分号，就把下一行"b=2"也作为上一行语句的一部分，这就会出现语法错误。改错时，有时在被指出有错的一行中未发现错误，就需要看一下上一行是否漏掉了分号。例如：

```
{
  z = x + y;
  t = z/100;
  printf(" % f",t);
}
```

对于复合语句来说，最后一个语句中最后的分号不能忽略不写(这是和PASCAL不同的)。

6. 多加分号

对于一个复合语句，例如：

```
{
  z = x + y;
  t = z/100;
  printf(" % f",t);
};
```

复合语句的花括号后不应再加分号，否则将会画蛇添足。又如：

```
if (a % 3 = = 0);
i + + ;
```

本是如果3整除a，则i加1。但由于if (a%3==0)后多加了分号，则if语句到此结束，程序将执行i++语句，不论3是否整除a，i都将自动加1。再如：

```
for (i = 0;i<5;i + + );
{
  scanf(" % d",&x);
  printf(" % d",x);
  }
```

本意是先后输入5个数，每输入一个数后再将它输出。由于for()后多加了一个分号，使循环体变为空语句，此时只能输入一个数并输出它。

7. 输入变量时忘记加地址运算符"&"

例如：

```
int a,b;
scanf(" % d % d",a,b);
```

这是不合法的。Scanf函数的作用是：按照a、b在内存的地址将a、b的值存进去。

"&a"指a 在内存中的地址。

8. 输入数据的方式与要求不符

例如：

(1) scanf("%d%d",&a,&b);

输入时，不能用逗号作两个数据间的分隔符，如下面输入不合法：

3,4

输入数据时，在两个数据之间以一个或多个空格间隔，也可用回车键，跳格键 tab。

(2) scanf("%d,%d",&a,&b);

C 规定：如果在“格式控制”字符串中除了格式说明以外还有其他字符，则在输入数据时应输入与这些字符相同的字符。下面输入是合法的：

3,4

此时不用逗号而用空格或其他字符是不对的。如：3 4　3:4

又如：scanf("a=%d,b=%d",&a,&b);

输入应如以下形式：

a=3,b=4

9. 输入字符的格式与要求不一致

在用"%c"格式输入字符时，“空格字符”和“转义字符”都作为有效字符输入。

scanf("%c%c%c",&c1,&c2,&c3);

如输入 a b c

字符"a"送给 c1，字符" "送给 c2，字符"b"送给 c3，因为%c 只要求读入一个字符，后面不需要用空格作为两个字符的间隔。

10. 输入输出的数据类型与所用格式说明符不一致

例如，a 已定义为整型，b 定义为实型：a=3;b=4.5;

printf("%f%d\n",a,b);

编译时不给出出错信息，但运行结果将与原意不符。这种错误尤其需要注意。

11. 输入数据时，试图规定精度

例如：

scanf("%7.2f",&a);

这样做是不合法的，输入数据时不能规定精度。

12. switch 语句中漏写 break 语句

例如：根据考试成绩的等级打印出百分制数段。

```
switch(grade)
{
  case 'A':printf("85～100\n");
```

```
  case 'B':printf("70～84\n");
  case 'C':printf("60～69\n");
  case 'D':printf("<60\n");
  default:printf("error\n");
}
```

由于漏写了break语句，case只起标号的作用，而不起判断作用。因此，当grade值为A时，printf函数在执行完第一个语句后接着执行第二、三、四、五个printf函数语句。正确写法应在每个分支后再加上"break;"。例如：

```
case 'A':printf("85～100\n");break;
```

13. 忽视了while和do-while语句在细节上的区别

```
(1) main()
{
  int a=0,i;
  scanf("%d",&i);
  while(i<=10)
{
  a=a+i;
  i++;
}
printf("%d",a);
}
(2) main()
{
  int a=0,i;
  scanf("%d",&i);
  do
  {
    a=a+i;
    i++;
  }while(i<=10);
  printf("%d",a);
}
```

可以看到，当输入i的值小于或等于10时，二者得到的结果相同。而当i>10时，二者结果就不同了。因为while循环是先判断后执行，而do-while循环是先执行后判断。

对于大于 10 的数，while 循环一次也不执行循环体，而 do-while 语句则要执行一次循环体。

14. 定义数组时误用变量

例如：

```
int n;
scanf("%d",&n);
int a[n];
```

数组名后用方括号括起来的是常量表达式，可以包括常量和符号常量。即 C 不允许对数组的大小作动态定义。

15. 在定义数组时，将定义的"元素个数"误认为是可使用的最大下标值

例如：

```
main()
{
  static int a[10] = {1,2,3,4,5,6,7,8,9,10};
  printf("%d",a[10]);
}
```

C 语言规定：定义时用 a[10]，表示 a 数组有 10 个元素。其下标值由 0 开始，所以数组元素 a[10]是不存在的。

16. 初始化数组时，未使用静态存储

例如：

```
int a[3] = {0,1,2};
```

这样初始化数组是不对的。C 语言规定只有静态存储(static)数组和外部存储(exterm)数组才能初始化。应改为：

```
static int a[3] = {0,1,2};
```

17. 在不应加地址运算符 & 的位置加了地址运算符

例如：

```
scanf("%s",&str);
```

C 语言编译系统对数组名的处理是：数组名代表该数组的起始地址，且 scanf 函数中的输入项是字符数组名，不必要再加地址符 &。应改为：

```
scanf("%s",str);
```

18. 同时定义了形参和函数中的局部变量

例如：

```
int max(x,y)
int x,y,z;
```

```
{
  z = x>y? x;y;
  return(z);
}
```

形参应该在函数体外定义，而局部变量应该在函数体内定义。应改为：

```
int max(x,y)
int x,y;
{
  int z;
  z = x>y? x:y;
  return(z);
}
```

第2章 Visual C++实验指导

2.1 C++概述

前面我们学了关于C语言的知识，C语言是结构化和模块化的语言，它是面向过程的。在处理较小的程序时，我们使用C语言就能够完成。但是当问题比较复杂、程序的规模比较大的时候，我们在使用C语言的时候就会感到力不从心，程序员必须细致地设计程序中每一个细节，准确地考虑到程序在运行时每一刻发生的事情，也就需要花费大量的人力、精力。C语言本身也存在一些局限，例如：C语言不支持代码重用，C语言对类型的检查机制相对较弱。在这样的历史条件下，C++应运而生。

2.1.1 C++的发展

美国贝尔实验室的本贾尼·斯特劳斯特卢普(Bjarne Stroustrup)博士在20世纪80年代初期发明并实现了C++(最初这种语言被称作"C with Classes")。一开始C++是作为C语言的增强版出现的，从给C语言增加类开始，不断地增加新特性。虚函数(virtual function)、运算符重载(operator overloading)、多重继承(multiple inheritance)、模板(template)、异常(exception)、名字空间(name space)逐渐被加入标准。1998年国际标准组织(ISO)颁布了C++程序设计语言的国际标准ISO/IEC 1488—1998，C++是具有国际标准的编程语言。

C++发展大概可以分为三个阶段。第一阶段从20世纪80年代到1995年。这一阶段C++语言基本上是传统类型上的面向对象语言，并且凭借着接近C语言的效率，在工业界使用的开发语言中占据了相当大份额。第二阶段从1995年到2000年，这一阶段由于标准模板库(STL)和后来的Boost等程序库的出现，泛型程序设计在C++中占据了越来越多的比重性。当然，同时由于Java、C#等语言的出现和硬件价格的大规模下降，C++受到了一定的冲击。第三阶段从2000年至今，由于以Loki、MPL等程序库为代表的产生式编程和模板元编程的出现，C++出现了发展历史上又一个新的高峰，这些新技术的出现以及和原有技术的融合，使C++已经成为当今主流程序设计语言中最复杂的一员。

2.1.2　C++的特点

C++语言的主要特点表现在两个方面：一是全面兼容C语言，用C语言写的程序可以不加修改地用于C++；二是支持面向对象的方法，它既可以用于结构化程序设计，又可以用于面向对象的程序设计。因此它是一个功能强大的混合型的程序设计语言。

具体体现在以下几点：

(1) 语句简练、语法结构清晰、紧凑，使用方便、灵活；

(2) 程序结构简单、书写格式自由；

(3) 数据类型丰富、齐全；

(4) 运算符丰富、齐全，运算能力强；

(5) 语法限制不太严格，程序自由度大；

(6) 具有直接的硬件处理能力；

(7) 程序可移植性强；

(8) C++语言引入了类与对象机制。

2.1.3　C++与C的不同点

语言的发展是一个逐步递进的过程，C++是直接从C语言发展过来的，它保留了C语言原有的所有优点，同时它也弥补了C语言中许多不足的地方，从而使得C++成为非常优秀的程序编写语言。

C++与C语言的不同点有以下几个。

(1) C++的扩展名是.CPP，而C语言的扩展名是.C。

(2) 输入/输出语句的不同，C语言中依赖的是函数输出/输入，只要在最前端加个头文件“stdio.h”就可以了，在C++中定义了一套保留字和运算符来代替C语言中的输入/输出语句，支持此运算符的头文件是“iostream.h”。

(3) C++中除了增加了class外，它继承了C语言中的所有的数据类型，在数据类型的声明上做了改进：一是声明语句可以放在程序的任何位置；二是在结构体声明对象时，可以直接用结构体名定义对象。

(4) C++中用new和delete来代替C语言内繁多的动态内存分配函数。new运算符等效于C语言中的malloc一类的函数功能，用来动态地描述对象或是数据分配内存。delete运算符的功能等效于C语言中的free一类的函数功能。

(5) 增加了引用类型，就是同一个地址用两个变量名来表示，改变其中的任意一个变量，该地址的内容将会改变。

(6) 函数的声明、定义和调用,在 C 语言中可以把声明和定义放在一起,在 C++中是不提倡的,有的地方是禁止的。

(7) 传递参数的应用,引用类型的传递是一个地址,而指针是一系列的地址。

(8) 函数的返回值,C 语言中默认的是 INT 型,C++中规定的是无默认类型,每个函数都得规定一个返回值类型,而且在 C++中可以用引用类型来定义返回值类型。

除此之外,C++和 C 语言相比,还有很多不同的地方,让我们在以后学习 C++的过程中细细体会,只有掌握了 C++和 C 语言的区别和联系,我们才能真正体会到 C++的强大的功能。

2.2　面向对象的程序设计

2.2.1　面向对象程序设计基本概念

客观世界中任何一个事物都可以看作是一个对象。或者说,世界就是由千千万万个对象组成的,他们之间通过一定的渠道相互联系。例如,学校是一个对象,一个班级是一个对象,班里面的每一个学生也是对象。在实际生活中,人们往往就是在一个对象中进行活动,也可以说对象是进行活动的基本单位。例如某个学生在学校上课、下课、课外活动等。

从计算机的角度来看,一个对象应该包括两个要素:一是数据,相当于班级的学生;二是需要进行的操作,相当于学生的各种活动。对象就是一个包含数据以及与这些数据有关操作的集合。面向对象程序设计面对的是一个个对象,所有的数据分别属于不同的对象。每一个数据都是有特定的用途的,是某种操作的对象。把相关的数据和操作放在一起,形成一个整体,与外界相对分隔,这是符合客观世界本来面目的。例如,学校组织学生参加运动会,校长不可能直接指定那个学生参加具体的某一项运动。他采取的方法就是把活动的内容告诉各个班主任,班主任根据学生的特点具体报名参加哪项运动。对于校长来说,每个班级就如同一个"黑箱子",班主任怎样利用学生的特长报名参加哪项运动,外界的人可以不必了解得特别详细,只要给他们一个通知或命令,他们能够按照规定完成任务就可以了。这就是把对象"封装"起来,各自相互独立,互不干扰。面向对象程序设计的一个重要的特点就是"封装性",把数据和操作代码封装在一个对象中。

程序设计者的任务包括两个方面:一是设计对象,即把哪些数据和操作封装在一起;二是在此基础上怎样通知有关对象完成任务。

2.2.2　类和对象

对象是现实世界中一个实际存在的事物,它可以是有形的(比如一辆汽车),也可以是无形的(比如一项计划)。对象是构成世界的一个独立单位,它具有自己的静态特征(状态)和动态特征(操作)。静态特征即可以用某种数据来描述的特征,动态特征即对象所表现的行为或对象所具有的功能。例如一台计算机就是一个对象,确切地说它属于实体对象,而一项计划也属于对象,它属于抽象对象。对象构成要素主要有以下三方面。

1. 标识符:是对象的名称,用来区别与其他对象。

2. 属性:是用来描述对象静态特征的一个数据项。

3. 服务:是用来描述对象动态特征和行为的一个操作。

面向对象语言把状态和操作封装于对象体之中,并提供一种访问机制,使对象的“私有数据”仅能由这个对象的操作来执行。用户只能通过允许公开的操作提出要求(消息),才能查询和修改对象的状态。

类(class)是具有相同属性和服务的集合,它提供对对象的抽象描述,它将具有相同状态、操作和访问机制的多个对象抽象成为一个对象类。类与对象的关系如同汽车与具体的一辆车的关系。汽车都能跑,有四个轮子,所有的汽车组成了一个类,具体到一辆汽车,它具有类的全部特性(能跑,有四个轮子),是汽车类的一个子集或元素。类给出了属于该类的全部对象的抽象定义,而对象则是符合这种定义的一个实体。所以,一个对象又称作类的一个实例(instance)。在C++中,类代表了某一批对象的共性和特征。可以说:类是对象的抽象,而对象是类的具体实例。

例如先声明了“省会”这样一个“类”,那么上海、广州、郑州、重庆都属于“省会类”的对象,它们都具有省会的所有共性。类是用来定义对象的一种抽象的数据类型,或者说它是产生对象的模板,它的性质和其他数据类型(如整型、实型)相同。在C++里面,又将类分为抽象类、基类(父类)、派生类(子类)等,我们在学习的时候要详细区分它们的区别和联系。

下面我们用C++语言声明一个类:

```
class  student                              //以 class 开头
{
  char  name[10];                           //定义三个数据成员
  int  age;
  char  sex;
  void display()                            //这是类中的成员函数
 {
    cout<<"name:"<<name<<endl;
    cout<<"age:"<<age<<endl;
    cout<<"sex:"<<sex<<endl;
 }                                          //以上是对该函数的操作
};
student  stud1,stud2;                       //定义两个 student 类的对象
```

这就声明了一个 student 的类，这个类包含了三个数据成员，display 是个函数，用来输出本对象中学生的年龄、姓名和性别。在这段程序的最后定义了两个对象，这两个对象是基于 student 这个类的，这两个对象同时都具有 student 类的三个数据成员的性质。

类的成员包括两大类：一类是“私有的”(private)，即这些成员只能被该类中的对象调用，而不能被外界调用；另一类是“公有的”(public)，此时除了该类的对象能调用外，外界也可以调用。可以将上面类的声明改为：

```
class  student
{
  private:                              //声明以下部分为私有的
  char  name[10];
  int  age;
  char  sex;
 public:                                //声明以下部分为公有的
 void display()
 {
  cout<<"name:"<<name<<endl;
  cout<<"age:"<<age<<endl;
  cout<<"sex:"<<sex<<endl;
  }                                     //以上是对该函数的操作
};
student  stud1,stud2;                   //定义两个 student 类的对象
```

在这段代码中，现在声明了 display 函数是公有的，外界就可以调用该函数了。如果在类的生命中没有指明是 private 还是 public，则系统就默认为是私有的。

归纳以上对类的声明，可以得到其一般形式：

```
class  类名
{
  private:
         私有的数据和成员函数;
  public:
         公有的数据和成员函数;
};
```

类也是分公有和私有的，与成员的属性一样，如果不作 private 或 public 声明，系统也默认为该类是私有的。

2.2.3　数据的抽象和封装

从一般观点来说，抽象是通过特定的实例中抽取共同性质以形成一般化概念的过程，抽象是对系统的简化描述或规范说明，它强调系统中某一部分细节或特性，而忽略了其他部分。

数据抽象为程序员提供了一种较高级的对数据和为操作数据所需要的算法的抽象。数据抽象实际上包括了两个独立但又密切相关的概念：模块化和信息隐藏。

模块化指的是将一个复杂的系统分解成几个自包含的实体（即模块），与系统中一个特定的实体有关的信息包含在这个模块内。信息隐藏通过将一个模块的细节对用户隐藏起来将抽象的级别向前推进一步，使用信息隐藏，用户必须通过一个受保护接口访问一个实体，而不能直接访问如数据结构或局部过程这些内部细节。

数据抽象一般被认为是迈向更加结构化的程序设计的一个重大步骤。数据抽象的重要性在于它提供了面向对象计算的始点，实现面向对象方法的首要一点是提供技术支持数据抽象。

封装是面向对象方法的一个重要原则。它有两个含义：第一个含义是把对象的全部属性和全部服务结合在一起，形成一个不可分割的独立单位（即对象）。第二个含义也称作"信息隐蔽"，即尽可能隐蔽对象的内部细节，对外形成一个边界（或者说形成一道屏障），只保留有限的对外接口使之与外部发生联系。这主要是指对象的外部不能直接地存取对象的属性，只能通过几个允许外部使用的服务与对象发生联系。

例如考虑一个仓库，外部只能通过管理员获取物品（如图 2-1 所示）。

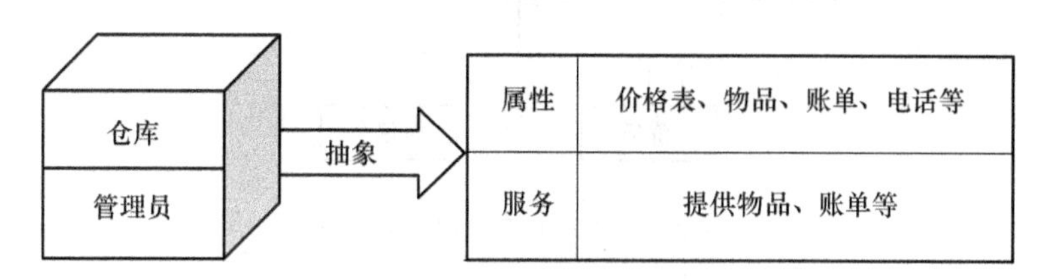

图 2-1　数据的抽象和封装举例

现实世界的实例表明，类的一些消息需要保护，外界不能随意提取修改，面向对象的封装就提供这一需求。

封装的特点包括：

1. 一个清楚的边界，所有对象的成分都在这个边界内；
2. 一个接口，外部通过这个接口访问对象的内部成员。

封装的优点表现在：

1. 数据独立（如每件事物都对应于一对象）；
2. 具有隐藏性和安全性（如银行的账户）；
3. 易于维护（由于数据独立，易于发现问题）。

2.2.4 继承性和多态性面向对象的基本概念

面向对象技术强调软件的可重用性。在C++中通过“继承”来实现软件的可重用性的。类与类之间可以组成继承层次，一个类的定义(子类)可以定义在另一个已定义类(父类)的基础上。子类可以继承父类中的属性和操作，也可以定义自己的属性和操作。C++具有继承这一特性所带来的优势，大大增加了程序的重用性。过去，软件人员开发新的软件，能从已有的软件中直接选用完全符合要求的不多，一般都要进行许多修改才能使用，实际上有相当一部分要重新编写，工作量很大，继承解决了这个问题。

如图2-2所示为交通工具的类层次。最顶部的类称为基类，是交通工具类，这个基类有汽车子类。这样，交通工具类就是汽车子类的父类。也可以从交通工具类派生出其他的子类，比如飞机类、火车类等。汽车子类还有三个子类：小汽车类、卡车类、客车类，每个类都可以汽车类作为父类，交通工具类可以称为他们的祖先类。另外，小汽车类又派生出了轿车类和面包车类。图2-2中展示了小型四层次的类，它用继承来派生子类。每个类有且只有一个父类。

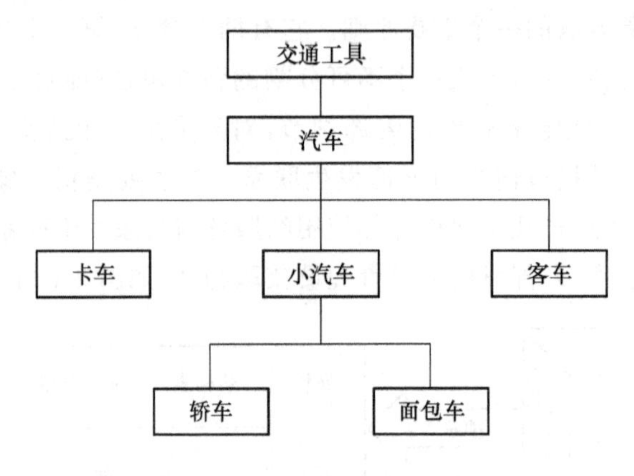

图2-2 交通工具类层次示意图

面向对象程序设计可以让你声明一个新类作为另一个类的派生。派生类我们也称为子类，它继承了它的父类的属性和操作，子类也同时声明了新的属性和新操作。继承是我们理解事物、解决问题的方法。继承帮助我们描述事物的层次关系，它也可以使已经存在的类不需修改地适应新应用。

多态性隐含着表明对象可以属于多于一个的分类，因此分类可以重叠和相交。这样，就有可能让两个不同的分类共享共同的行为。多态性可以应用于各种分类方法。例如，对象能够属于多个分类可以解释为对象可以具有多种类型，或对象可以属于多个类，因此，多态性是一个与分类正交的概念。

从广义上说，多态性是指一段程序能够处理多种类型对象的能力。在C++语言中，这种多态性可以通过强制多态(类型强制转换)、重载多态(函数及运算符重载)、类型参数化多态(模板)、包含多态(类继承及虚函数)四种形式来实现。类型参数化多态和包含多态统称为一般多态性,用来系统地刻画语义上相关的一组类型。重载多态和强制多态统称为特殊多态性,用来刻画语义上无关联的类型间的关系。

强制也称类型转换。C++语言定义了基本数据类型之间的转换规则,即:char→short→int→unsigned→long→unsigned long→float→double→long double。赋值操作是个特例,上述原则不再适用。当赋值操作符的右操作数的类型与左操作数的类型不同时,右操作数的值被转换为左操作数的类型的值,然后将转换后的值赋值给左操作数。程序员可以在表达式中使用3种强制类型转换表达式:①static_cast＜T＞(E);②T(E);③(T)E。其中任意一种都可改变编译器所使用的规则,以便按自己的意愿进行所需的类型强制。其中E代表一个运算表达式,T代表一个类型表达式。第三种表达形式是C语言中所使用的风格,在C++中,建议不要再使用这种形式,应选择使用第一种形式。例如,设对象f的类型为double,且其值为3.14。则表达式static_cast＜int＞(f)的值为3,类型为int。强制使类型检查复杂化,尤其在允许重载的情况下,导致无法消解的二义性,在程序设计时要注意避免由于强制带来的二义性。

重载是多态性的最简形式,而且把更大的灵活性和扩展性添加到程序设计语言中,它分成操作符重载和函数重载。

C++允许为类重定义已有操作符的语义,使系统预定义的操作符可操作类对象。C++语言的一个非常有说服力的例子是count对象的插入操作(＜＜)。由于其类中定义了对位左移操作符"＜＜"进行重载的函数,使C++的输出可按同一种方式进行,学习起来非常容易。并且,增加一个使其能输出复数类的功能(扩充)也很简单,不必破坏原输出逻辑。C++规定将操作符重载为函数的形式,既可以重载为类的成员函数,也可以重载为类的友员函数。用友员重载操作符的函数也称操作符函数,它与用成员函数重载操作符的函数不同,后者本身是类中成员函数,而它是类的友员函数,是独立于类的一般函数。注意重载操作符时,不能改变它们的优先级,不能改变这些操作符所需操作数的个数。重定义已有的函数称为函数重载。在C++中既允许重载一般函数,也允许重载类的成员函数。如对构造函数进行重载定义,可使程序有几种不同的途径对类对象进行初始化。还允许派生类的成员函数重载基类的成员函数,虚函数就属于这种形式的重载,但它是一种动态的重载方式,即所谓的"动态联编(束定)"。

参数化多态又称非受限类属多态,即将类型作为函数或类的参数,避免了为各种不同的数据类型编写不同的函数或类,减轻了设计者的负担,提高了程序设计的灵活性。模板是C++实现参数化多态性的工具,分为函数模板和类模板两种。类模板中的成员函数均为函数模板,因此函数模板是为类模板服务的。类模板在表示数组、表、矩阵等类数据结构时,显得特别重要,因为这些数据结构的表示和算法的选择不受其所包含的元素的类型的影响。C++中采用虚拟函数实现包含多态,通过virtual关键字创建虚函数,虚拟函数为C++提供了更为灵活的多态机制,这种多态性在程序运行时才能确定，因此虚拟函数是多态性的精华。至少含有一个虚拟函数的类称为多态类。包含多态在程序设计中使用十分频繁。派生类继承基类的所有操作，或者说，基类的操作能被用于操作派生类的对象，当基类的操作不能适应派生类时，派生类需重载基类的操作。利用虚函数，可在基类和派生类中使用相同的函数名定义函数的不同实现，从而实现“一个接口，多种方式”。当用基类指针或引用对虚函数进行访问时，软件系统将根据运行时指针或引用所指向或引用的实际对象来确定调用对象所在类的虚函数版本。

2.3 Visual C++ 6.0 上机指南

Visual C++ 6.0（以后简称 VC 6.0）是 Microsoft 公司推出的可视化开发环境 Developer Studio 下的一个组件，为我们提供了一个集程序创建、编辑、编译、调试等诸多工作于一体的集成开发环境(IDE)。VC 集成开发环境功能强大，提供了大量的向导(Wizard)，由于是在 Windows 环境下工作，有良好的界面，并支持汉字系统，还全面支持 C 程序的建立、打开、浏览、编辑、保存、编译、连接、运行与调试等，所以笔者建议用 Visual C++6.0 集成环境作为学习 C 程序设计的环境。

本章主要介绍利用 Visual C++6.0 系统对 C 程序进行编译、连接和运行的一般方法。

2.3.1 启动 Visual C++ 6.0 集成环境

在 Windows 系统下安装好 VC 6.0，有如下两种启动软件的方法。

图 2-3　VC 6.0 在桌面上的快捷方式

(1) 若桌面上有 VC 6.0 图标（“横躺着”即“倒下”的“8”字形图标，且标有“Microsoft Visual C++ 6.0”或“Microsoft Visual Studio 6.0”字样，如图 2-3 所示），则双击该图标。

(2) 通过“开始”→“程序”→ “Microsoft Visual C++ 6.0”（或“开始”→“程序”→“Microsoft Visual Studio 6.0”→“Microsoft Visual C++ 6.0”），单击一下该菜单项。

首先按以上两种方法之一启动并运行 VC 6.0，进入到它的集成开发环境窗口，其具体窗口式样如图 2-4 所示，从大体上可分为以下 4 部分。

• 上部：菜单和工具条。

• 中左：工作区(workspace)视图显示窗口，这里将显示处理过程中与项目相关的各种文件种类等信息；C 程序员可以在 ClassView 页的 Globals 全局选项里查看到正在开发的全局变量和全局函数。

• 中右：文档内容区，是显示和编辑程序文件的操作区。在编辑窗口内输入、编辑程序源代码时，源代码会显示"语法着色"。在缺省情况下，代码为黑色，夹以绿色的注释和蓝色的关键字。

• 下部：输出(Output)窗口区，主要用于显示编译、连接信息和错误提示，双击错误提示行，VC会在编辑窗口内打开出错代码所在的源程序文件，并将光标快速定位到出错行上。

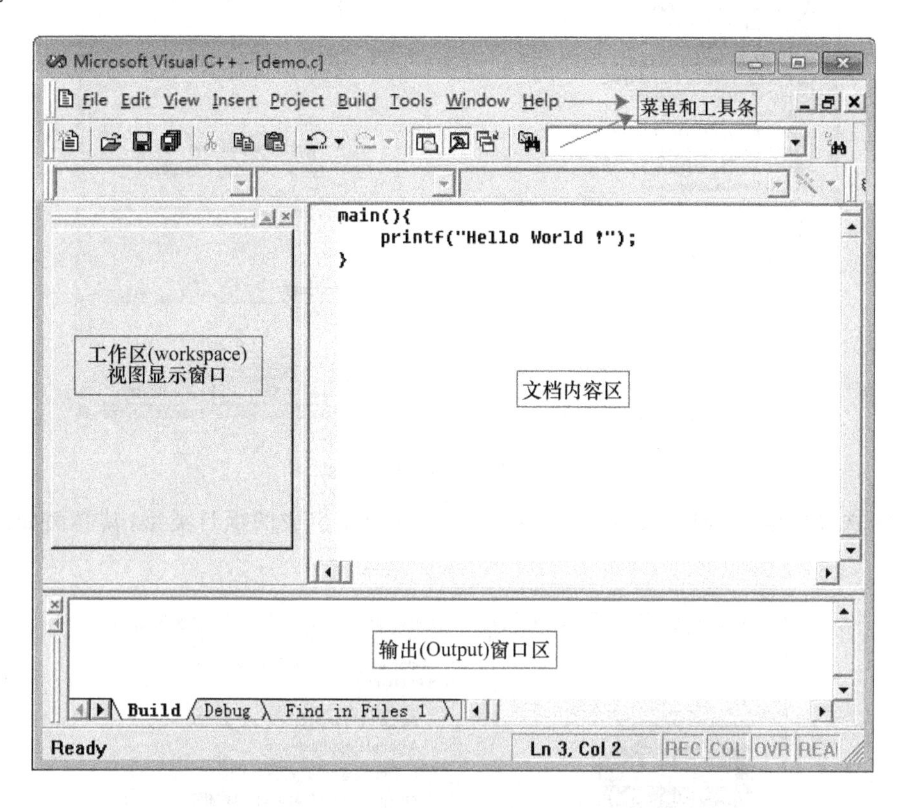

图 2-4　VC 6.0 集成环境窗口

2.3.2 创建工程项目

开发一个应用程序，往往会有很多源程序文件、菜单、图标、图片等资源，VC通过"项目"管理上述资源。所以在开始开发C程序时，首先要创建一个工程项目(project)以及工程工作区。工程项目存放C程序的所有信息。创建一个工程项目的操作步骤如下。

(1) 选择菜单File下的New项，会出现一个选择界面，在属性页中选择Projects标签后，会看到近20种的工程类型，只需选择其中最简单的一种："Win32 Console Application"，而后往右上处的"Location"文本框和"Project name"文本框中填入工程相关信息所存放的磁盘位置(目录或文件夹位置)以及工程的名字(注意，名字根据工程性质确定，此时VC 6.0会自动在其下的Location文本框中用该工程名"Sample"建立一个同名子目录，随后的工程文件以及其他相关文件都将存放在这个目录下)，设置到此时的界面信息如图 2-5 所示。

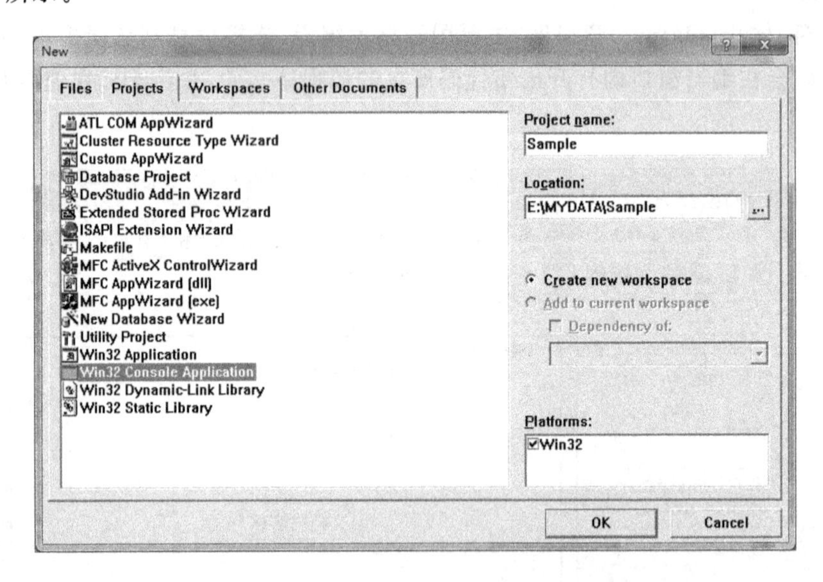

图 2-5 创建新项目对话框

(2) 选择“OK”按钮进入下一个选择界面。提问要生成的项目类型，其界面如图 2-6 所示。

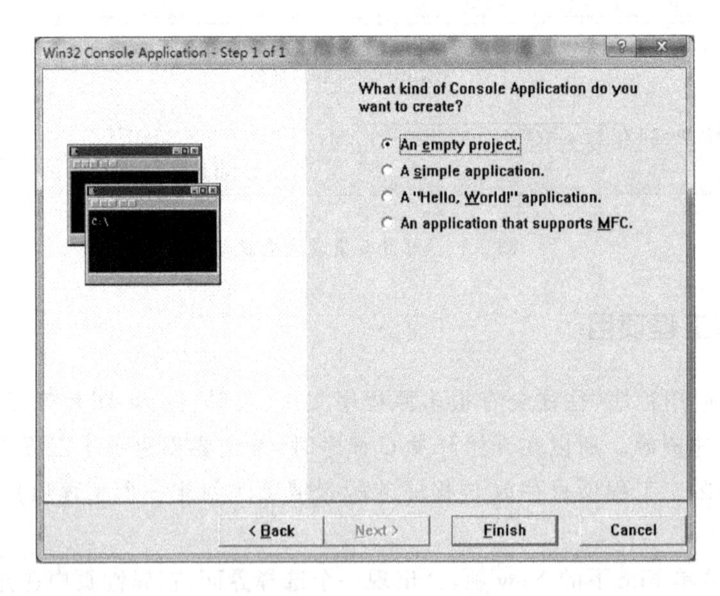

图 2-6 创建新项目对话框

若选择“An empty project”项将生成一个空的工程，工程内不包括任何东西。若选择“A simple application”项将生成包含一个空的 main 函数和一个空的头文件的工程。选“A″Hello World!″application”项与选“A simple application”项没有什么本质的区别，只是需要包含显示出“Hello World!”字符串的输出语句。选择“An application that supports MFC”项的话，可以利用 VC 6.0 所提供的类库来进行编程。

为了更清楚地看到编程的各个环节，我们选择“An empty project”项，从一个空的工程来开始我们的工作。单击 Finish 按钮，这时 VC 6.0 会为你生成一个小型报告，报告的内容是刚才所有选择项的总结，并且询问你是否接受这些设置。如果接受选择“OK”按钮，否则选择“Cancel”按钮。

(3) 选择“OK”按钮进入到真正的编程环境，界面情况如图 2-7 所示。

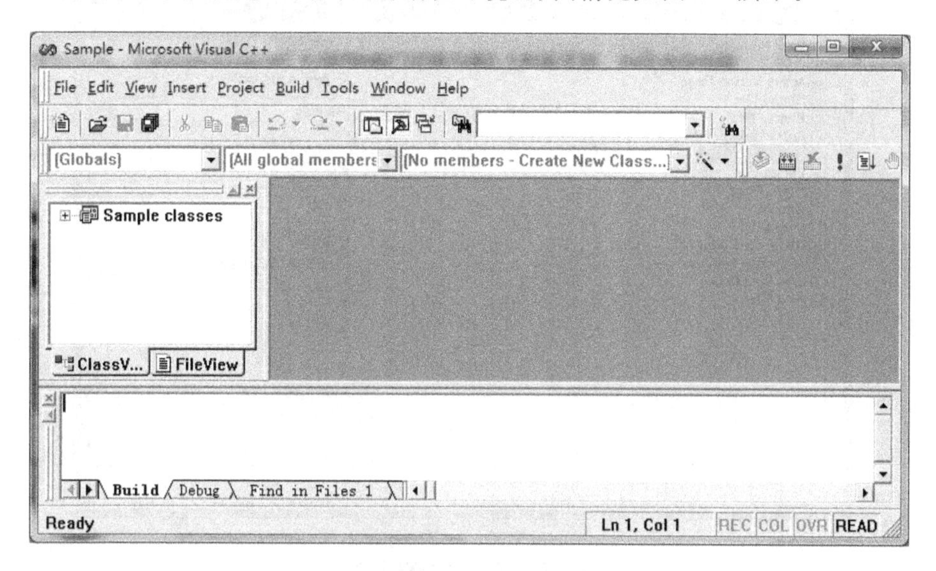

图 2-7　空项目窗口

注意屏幕中的 Workspace 窗口，该窗口中有两个标签，一个是 ClassView，一个是 FileView。ClassView 中列出的是这个工程中所包含的所有类的有关信息，当然我们的程序将不涉及类，这个标签中现在是空空如也。点击 FileView 标签后，将看到这个工程所包含的所有文件信息。点击“+”图标打开所有的层次会发现有三个逻辑文件夹：Source Files 文件夹中包含了工程中所有的源文件；Header Files 文件夹中包含了工程中所有的头文件；Resource Files 文件夹中包含了工程中所有的资源文件。所谓资源就是工程中所用到的位图、加速键等信息，在我们的编程中不会牵扯到这一部分内容。现在 FileView 中也不包含任何东西。

逻辑文件夹是逻辑上的，他们只是在工程的配置文件中定义的，在磁盘上并没有物理地存在这三个文件夹。我们也可以删除自己不使用的逻辑文件夹；或者根据我们项目的需要，创建新的逻辑文件夹，来组织工程文件。这三个逻辑文件夹是 VC 预先定义的，就编写简单的单一源文件的 C 程序而言，我们只需要使用 Source Files 一个文件夹就够了。

2.3.3 建立 C 源程序文件

在图 2-8 所示的窗口中，选择菜单 File 下的 New 项，并选择 Files 选项卡。从选项卡中选择“C++ Source File”项，在右边的 File 文本框中为将要生成的文件取一个名字(可与项目名相同)，同时要加上扩展名“.C”，否则系统会为文件添加默认的扩展名“.CPP”，如图 2-8 所示。

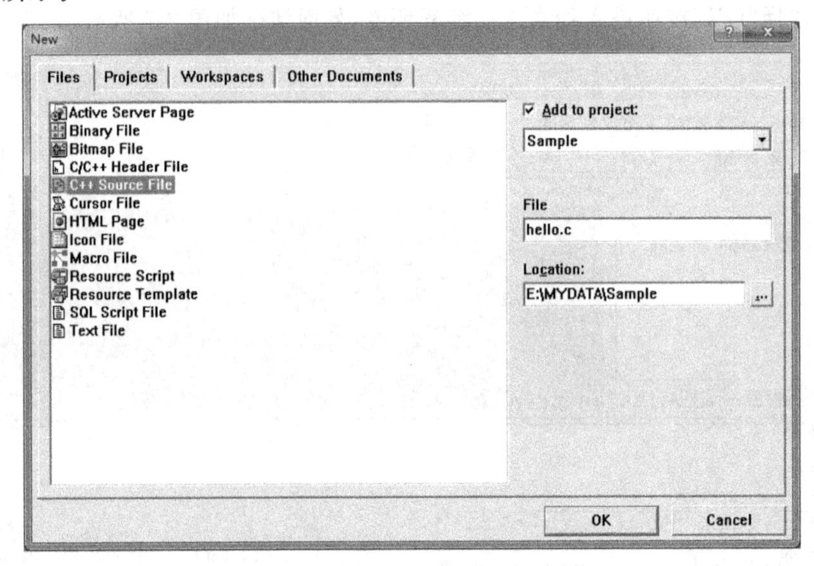

图 2-8 建立 C 源程序文件

在图 2-8 的窗口中单击“OK”按钮，进入输入源程序的编辑窗口(注意所出现的呈现“闪烁”状态的输入位置光标)，如图 2-9 所示。

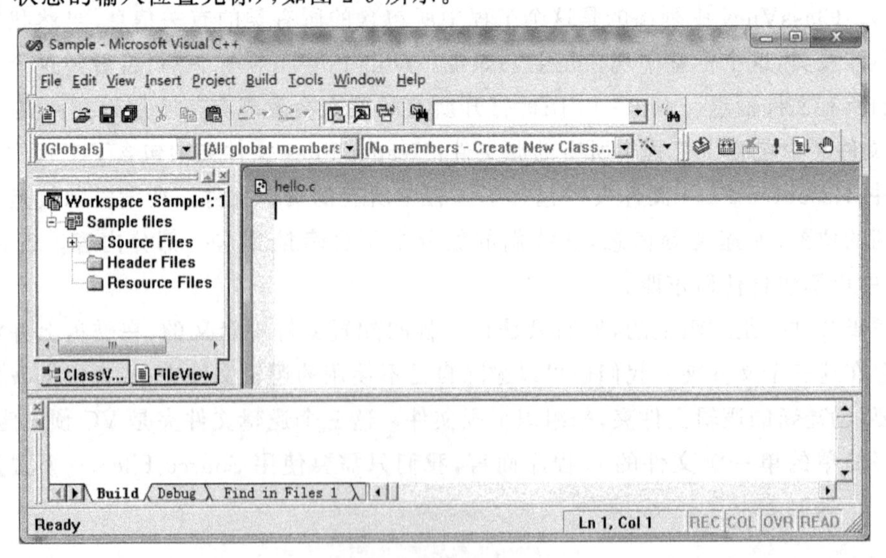

图 2-9 空源程序窗口

注意，也可以不需要像图 2-5 所示那样显示地创建新一个工程，对于新编写一个程序，只需要直接选“Files”标签，再选择“C++ Source File”，其界面与图 2-6 相似（仅 Add to project 是暗淡的、无法选择），后续操作则与前述相同。这种方式新建的 C 源程序文件在编译时，会提示用户，要求允许系统为其创建一个默认的工程（含相应的工作区），然后才能运行。

2.3.4 编辑一个 C 源程序文件

在如图 2-9 所示的窗口中输入 C 源程序的内容，例如，输入如下程序：

```
#include <stdio.h>
void main()
{
      printf("Hello World! \n");
}
```

如图 2-10 所示。

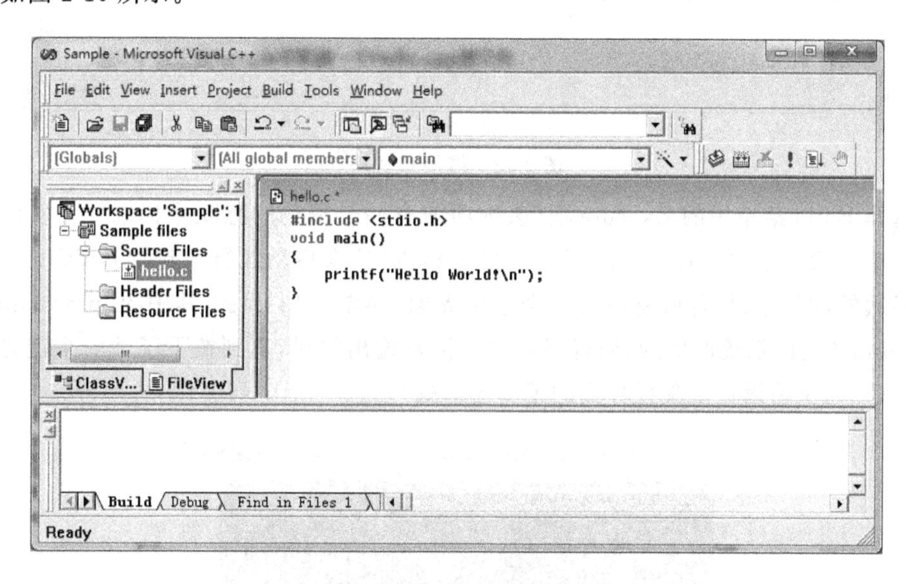

图 2-10　编辑 C 源程序

实际上，这时在 Workspace 窗口的 ClassView 标签中的 Globals 文件夹下，也可以看到刚才所键入的 main 函数。

2.3.5 VC 6.0 编译、链接以及运行程序

首先选择 Build 菜单第一项 Compile *.c（本例为 hello.c），此时将对程序进行编译。若编译中发现错误（error）或警告（warning），将在 Output 窗口中显示出它们所在的行以及具体的出错或警告信息，可以通过这些信息的提示来纠正程序中的错误或警告（注意：

错误是必须纠正的，否则无法进行下一步的链接；而警告则不然，它并不影响进行下一步，当然最好还是能把所有的警告也"消灭"掉)。当没有错误与警告出现时，Output 窗口所显示的最后一行应该是："Hello. obj-0 error(s)，0warning(s)"，如图 2-11 所示。

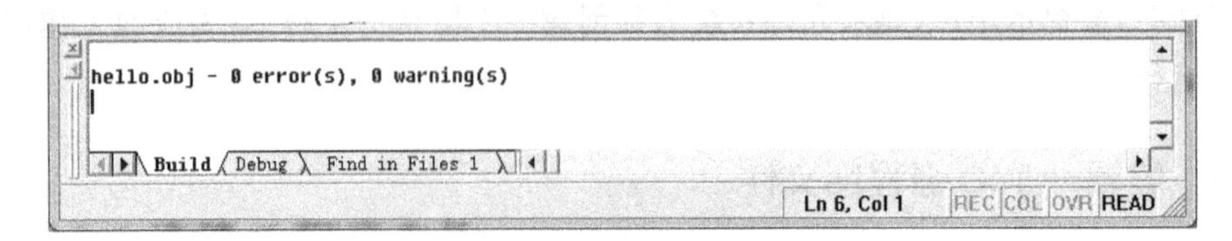

图 2-11　编译 C 程序结果

如果没有错误，以上编译的结果会产生一个目标文件(＊.obj)(本例为 hello. obj)。目标文件需要链接才能生成可执行文件。选择 Build 菜单的第二项 Build 来进行链接生成可执行程序。在链接中出现的错误也将显示到 Output 窗口中。链接成功后，Output 窗口所显示的最后一行应该是："Sample. exe-0 error(s)，0 warning(s)"，如图 2-12 所示。

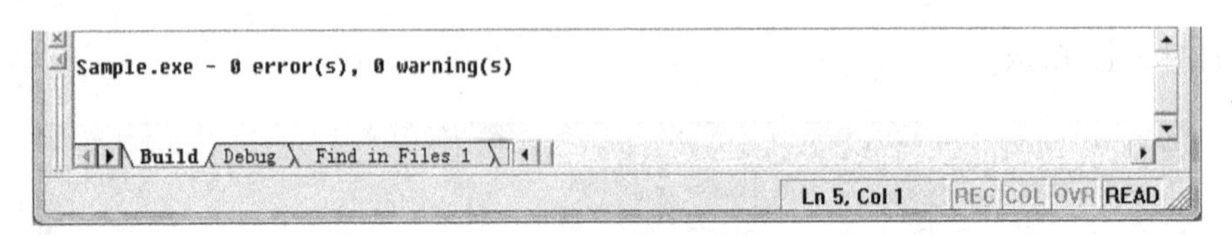

图 2-12　链接 C 程序

选择 Build 菜单中的 Execute 项(该选项前有一个深色的感叹号标志"!"，实际上也可通过单击窗口上部工具栏中的深色感叹号标志"!"来启动执行该选项)，VC 6.0 将运行已经编好的程序，执行后将出现一个结果界面，如图 2-13 所示，其中的"press any key to continue"是由系统产生的，使得用户可以浏览输出结果，直到按下了任一个键盘按键时为止(那时又将返回到集成界面的编辑窗口处)。

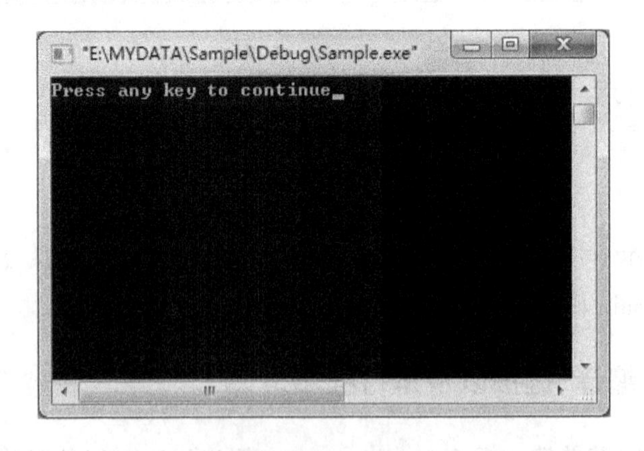

图 2-13　程序 Hello. c 的运行结果界面

关闭 VC 6.0 集成环境窗口，可自动保存各种文件(均在以项目名为名字的文件夹中)。

2.4　MSDN 帮助系统的使用

VC 集成开发环境功能强大，不仅提供了大量的向导（Wizard），还有完备的帮助功能（MSDN）。MSDN 是 Microsoft Developer Network 的缩写，也是微软公司面向软件开发者的一种信息服务。用户接触到的关于 MSDN 的信息来自 MSDN Library。MSDN Library 就是通常人们所说的 MSDN，它涵盖了微软全套可开发产品线的技术开发文档和科技文献（部分包括源代码）。所以，初学者学习 C 语言编程，并不需要全面了解开发环境的全部功能。我们可以在安装 VC 时选择完全安装 MSDN，然后在遇到问题时再去查阅 MSDN 中的相关说明。

本节介绍在 VC 中如何使用 MSDN。

2.4.1　使用 MSDN Library 查阅器

在使用 Visual C＋＋进行编程时有如下两种调用 MSDN 的方法。

（1）按 F1 键可以启动 MSDN。如果没有选定任何关键词，按 F1 键将调用本机 MSDN HTMLHELP 对话框，然后直接进行搜索。如果选定了某一关键词，则跳出的对话框直接定位到找到的该关键词的相关解释。

（2）单击“Help”菜单，选择“Content”、“Search”或“Index”命令都可以打开 MSDN。

MSDN 以浏览器的方式显示帮助文档，它保持了浏览器的全部特性。窗口下半部分的左侧有 4 个选项卡，可以用不同的方式显示帮助文档。

（1）打开“目录”选项卡，可以在左侧显示区列表中显示所有文档的名称。单击某个目录，即可在窗口的右侧显示相应的内容，如图 2-14 所示。

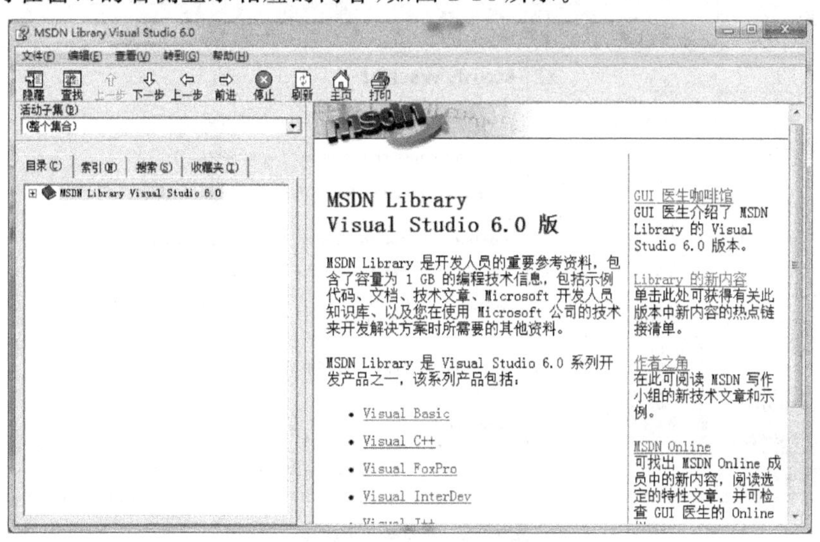

图 2-14　MSDN 启动界面

(2) 打开"索引"选项卡,可以在"键入要查找的关键字"文本框中输入要查找的内容,在其下面的列表框中显示查找到的关键字,单击该关键字,然后单击"显示"按钮,即可在窗口右侧显示相应的内容,如图 2-15 所示。

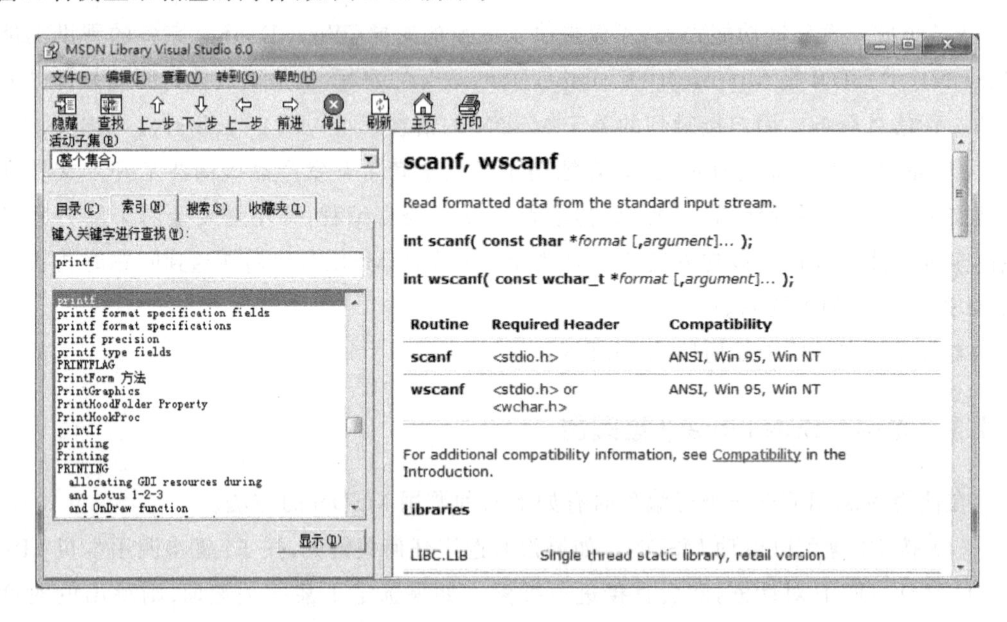

图 2-15 "索引"选项卡

(3) 打开"搜索"选项卡,在"键入要查找的单词"文本框中输入要查找的单词,单击"列出主题"按钮,即可在下面的"选择主题"列表中列出相关的主题,选择其中的某个主题,单击"显示"按钮,将在窗口右侧显示区显示该主题的内容,如图 2-16 所示。

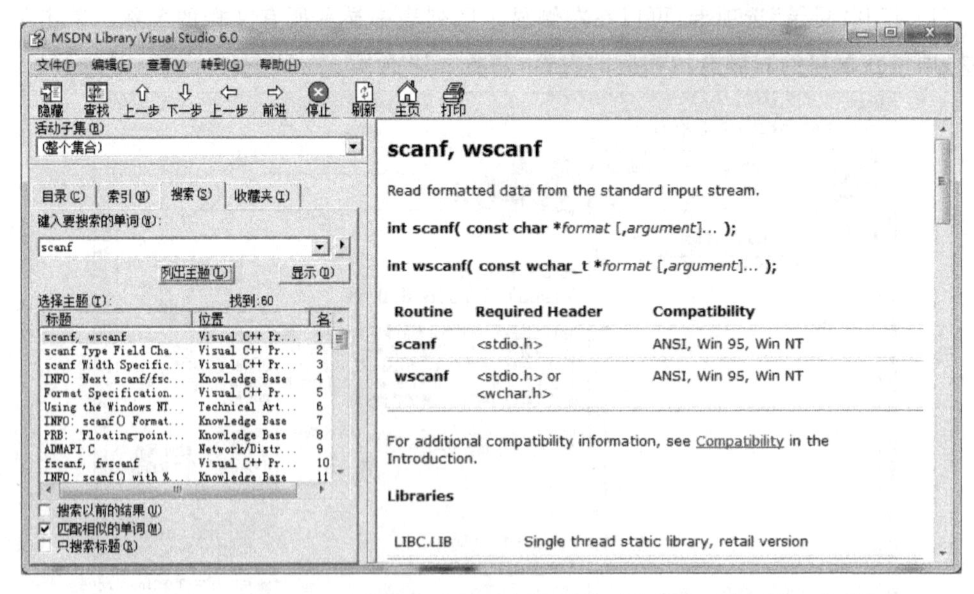

图 2-16 "搜索"选项卡

如图 2-17 所示，打开“目录”选项卡，展开节点可以看到 Visual C++ Documentation：

（1）Visual C++ Documentation Map：这里有这个部分大话题的索引，可以轻松找到使用 VC、调试 VC、编程手册、ATL、MFC、STL 库、C++语法和标准、ODBC、RunTime 等的快速索引。

（2）What's new in Visual C++ 6.0：介绍了 VC 6.0 的新特性、新的库等。

（3）Getting started with Visual C++ 6.0：新手上路。

（4）Using Vsiual C++：详细和循序渐进地阐述了 VC 6.0 的使用方法，开发模式，里面包括的内容有 Visual C++ Tutorials（VC6 的初级教程）、Visual C++ Programmer's Guide(更加深入的编程话题)、Visual C++ User's Guide(用户手册，包括了工具说明)。

（5）Glossary：术语表。

（6）Reference：其中包括了两部分：Microsoft Foundation Classes and Templates，这里面就是 MFC、ATL 和 OLE DB 模板库的使用参考，可谓是面面俱到，非常详细；Languages and Libraries for Visual C++，这里面包括了 C++语法规范的说明，还有 STL 库的使用手册。

（7）Samples：分门别类的例子程序，可以参考实例。

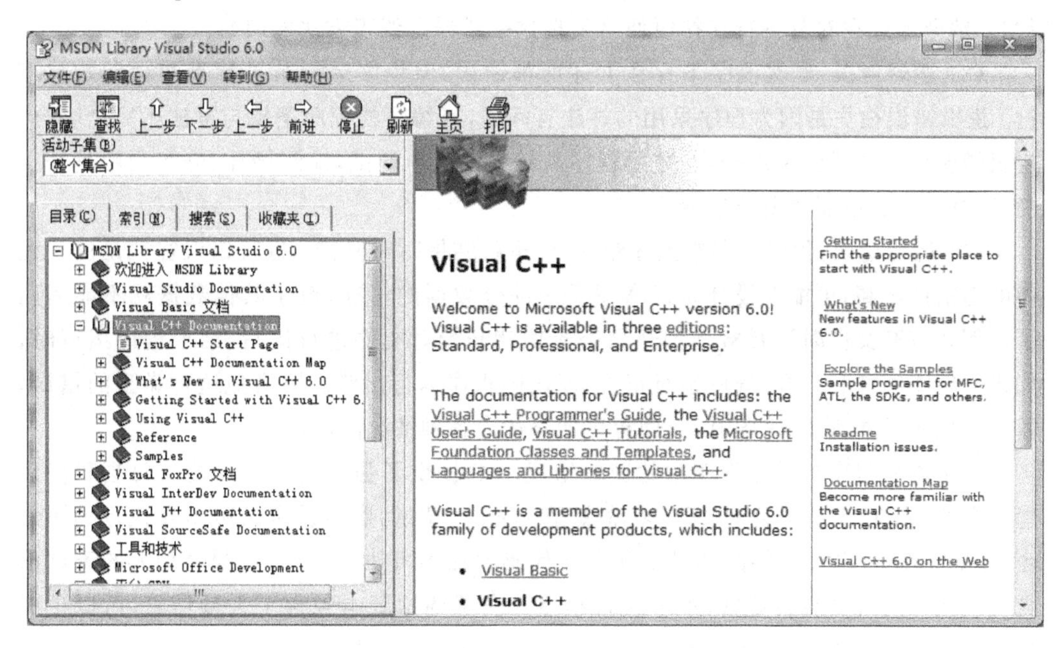

图 2-17　Visual C++ Documentation

2.4.2　从 Internet 上获取帮助

MSDN Library 中有许多内容链接以及外部网站的链接。MSDN 查阅器使用了 Internet Explorer 浏览器搜索引擎，其默认的设置为脱机模式，但当激活了与外部网站的链接后就会切换到联机模式，与 Internet 上相关的网站建立连接。

除此之外，Internet 上有许多用于学习和交流的 VC 站点，通过这些站点可以与世界各地的 VC 爱好者互相交流和学习，获取软件开发的资料。

2.5 调试 C 程序及常见方法

初学 C 语言程序设计，往往一看到自己编的程序出现错误就不知所措了。有些同学上机时，只要程序能够顺利运行，就认为大功告成，根本没想到程序还存在某些隐患。要想不犯或少犯错误，就需要了解 C 语言程序设计的错误类型和纠正方法。C 语言程序设计的错误可分为语法错误、连接错误、逻辑错误和运行错误。

(1) 语法错误：在编写程序时违反了 C 语言的语法规定。语法不正确、关键词拼错、标点漏写、数据运算类型不匹配、括号不配对等都属于语法错误，在进入程序编译阶段，编译系统会给出出错行和相应“出错信息”。我们可以双击错误提示行，将光标快速定位到出错代码所在的出错行上。根据错误提示修改源程序，排除错误。

(2) 连接错误：如果使用了错误的函数调用，比如书写了错误的函数名或不存在的函数名，编译系统在对其进行连接时便会发现这一错误。纠正方法同(1)。

(3) 逻辑错误：虽然程序不存在上述两种错误，但程序运行结果就是与预期效果不符。逻辑错误往往是因为程序采用的算法有问题，或编写的程序逻辑与算法不完全吻合。逻辑错误比语法错误更难排除，需要程序员对程序逐步调试，检测循环、分支调用是否正确，变量值是否按照预期产生变化。

(4) 运行错误：程序不存在上述错误，但运行结果时对时错。运行错误往往是由于程序的容错性不高，可能在设计时仅考虑了一部分数据的情况，对于其他数据就不能适用了。例如打开文件时没有检测打开是否成功就开始对文件进行读写，结果程序运行时，如果文件能够顺利打开，程序运行正确，反之则程序运行出错。要避免这种类型的错误，需要对程序反复测试，完备算法，使程序能够适应各种情况的数据。

为了方便程序员排除程序中的逻辑错误，VC 提供了强大的调试功能。每当我们创建一个新的 VC 工程项目时，默认状态就是 Debug(调试)版本。调试版本会执行编译命令_D_DEBUG，将头文件的调试语句分支代码添加到可执行文件中；同时加入的调试信息可以让开发人员观察变量，单步执行程序。由于调试版本包含了大量信息，所以生成的 Debug 版本可执行文件容量会远远大于 Release(发行)版本。

2.5.1 设置断点

VC 可以在程序中设置断点，跟踪程序实际执行流程。设置断点后，可以按“F5”功能键启动 Debug 模式，程序会在断点处停止。我们可以接着单步执行程序，观察各变量的值如何变化，确认程序是否按照设想的方式运行。设置断点的方法是：将光标停在要被暂停的那一行，选择“Build MiniBar”工具栏按钮“Insert/Remove Breakpoint (F9)”，添加断点，如图 2-18 所示，断点所在代码行的最左边出现了一个深红色的实心圆点，这表示断点设置成功。

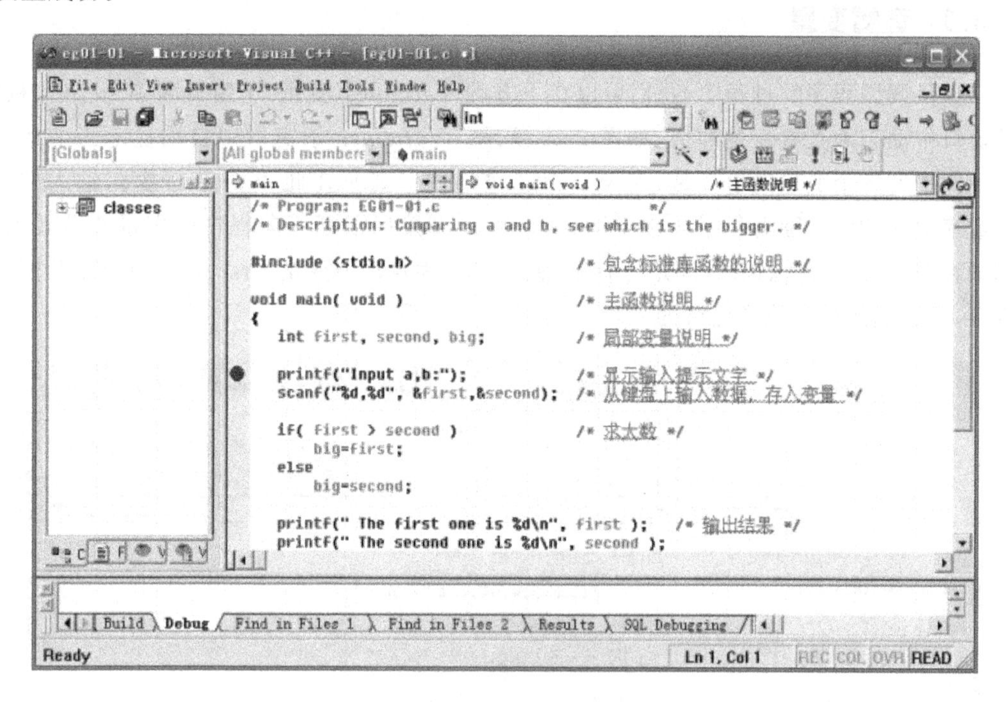

图 2-18　设置断点

如果该行已经设置了断点，那么再次按“F9”功能键会清除该断点。

2.5.2　调试命令

我们也可以在 VC“Build”(组建)菜单下的“Start Debug”(开始调试)中点击 Go(F5)命令进入调试状态，Build 菜单自动变成 Debug 菜单，提供以下专用的调试命令：

- Go(F5)：从当前语句开始运行程序，直到程序结束或断点处。
- Step Into(F11)：单步执行下条语句，并跟踪遇到的函数。
- Step Over(F10)：单步执行(跳过所调用的函数)。
- Run to Cursor(Ctrl+F10)：运行程序到光标所在的代码行。
- Step out(Shift+F11)：执行函数调用外的语句，并终止在函数调用语句处。
- Stop Debugging(Shift+F5)：停止调试，返回正常的编辑状态

必须在运行程序时用 Go 命令(而不是 Execute)才能启动调试模式。在调试模式下，程序停止在某条语句，该条语句左边就会出现一个黄色的小箭头。我们随时中断程序，单步执行、查看变量，检查调用情况。比如，按“F5”功能键进入调试模式，程序运行到断点处暂停；不断按“F10”功能键，接着一行一行地执行程序，直到程序运行结束。

需要说明的是，如果希望能一句一句地单步调试程序，在编写程序时就必须一行只写一条语句。

2.5.3 查看变量

单步调试程序的过程中，我们可以在下方的 Variables（变量）子窗口和 Watch（监视）子窗口中动态地查看变量的值，如图 2-19 所示。Variables 子窗口中自动显示当前运行上下文中的各个变量的值变量，而 Watch 子窗口内只显示在此 Watch 子窗口输入的变量或表达式的值。随着程序的逐步运行，也可以直接用鼠标指向程序中变量查看其值。例如在图 2-19 中，我们可以清楚地看到，程序已经为自动型变量 first、second、big 分配了内存，但它们的初始值是随机的。

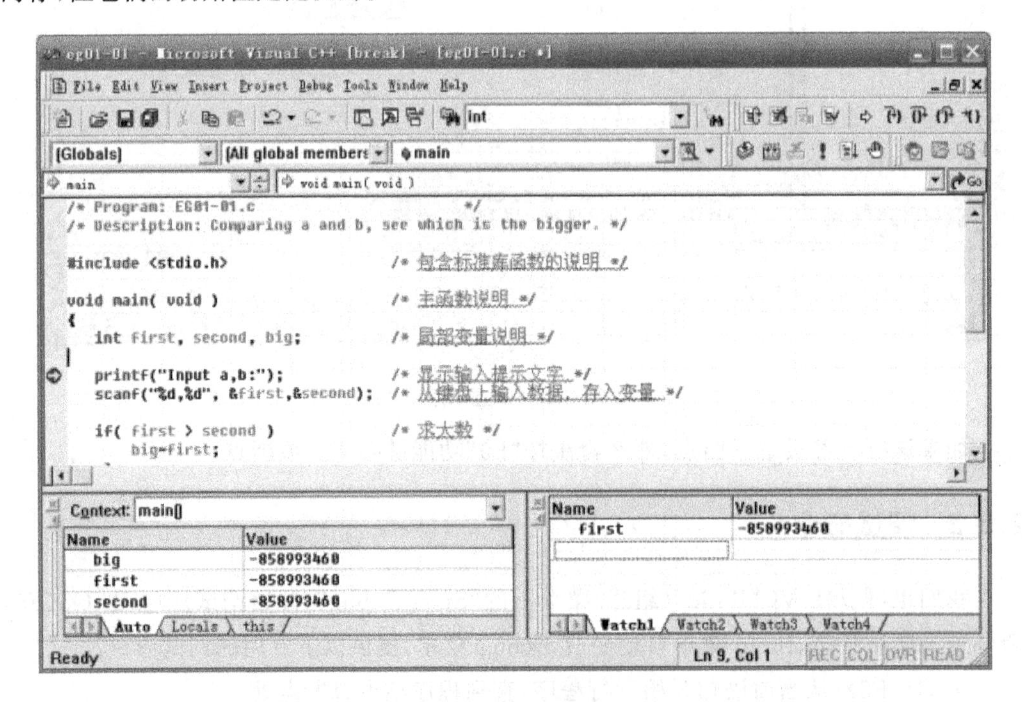

图 2-19 查看变量

Variables 子窗口有 3 个选项卡：Auto、Locals 和 This。

Auto 选项卡：显示出当前语句和上一条语句使用的变量，它还显示使用 Step over 或 Step out 命令后函数的返回值。

Locals 选项卡：显示出当前函数使用的局部变量。

This 选项卡：显示出由 This 所指向的对象（C 语言不用 this）。

如果变量较多，自动显示的 Variables 窗口难以查看时，还可以在右边的 Watch 子窗口中添加想要监控的变量名。例如，图 1-11 在 Watch1 子窗口中添加了变量“first”。我们还可以直接将变量拖动到 Watch 子窗口的空白 Name 框中。添加结束后，该变量的值会被显示出来。并且随着单步调试的进行，会看到变量 first 的值逐渐变化。如果各变量的值按照设想的方式逐渐变化，程序运行结果无误，本次开发就顺利结束了。如果发现各变量值的变化和设想的不一致，说明程序存在逻辑错误，那就需要停止调试，返回编辑窗口，查错并修改程序。

2.5.4　查看内存

数组和指针指向了一段连续的内存中的若干个数据。可以使用 memory 功能显示数组和指针指向的连续内存中的内容。在 Debug 工具条上点 memory 按钮，弹出一个对话框，在其中输入数组或指针的地址，就可以显示该地址指向的内存的内容。如图 2-20 所示。

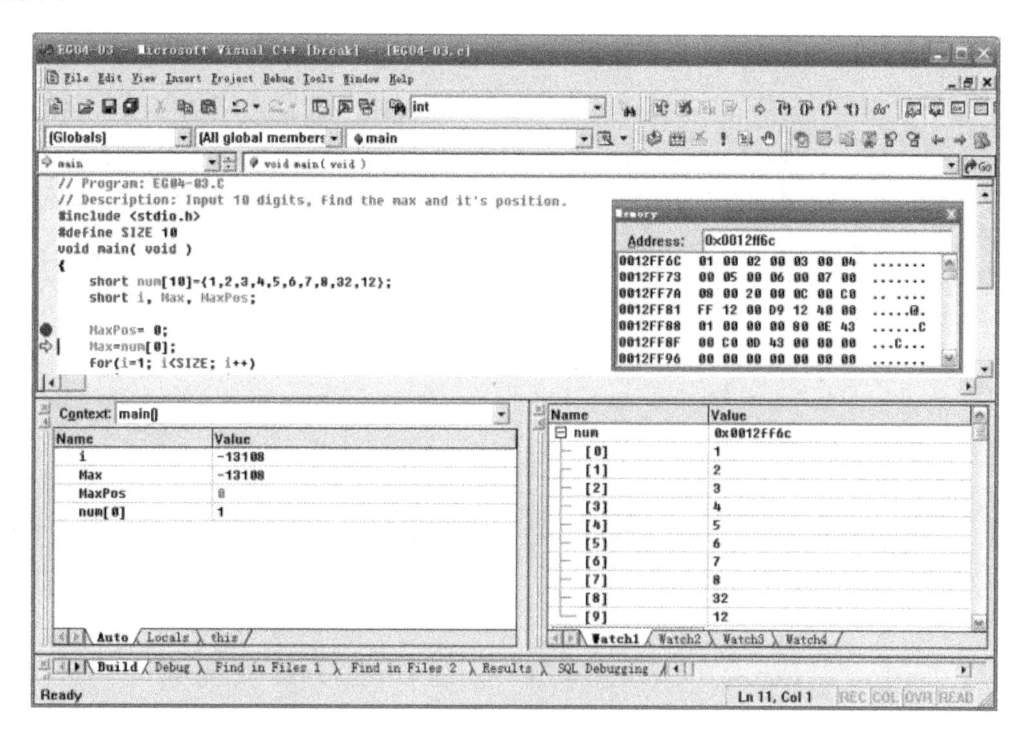

图 2-20　查看内存

第二部分　上机实验部分

实验一　C语言基础知识

一、实验目的

1. 掌握 Turbo C 集成环境的基本功能，能够独立使用该系统。
2. 能编译通过简单的程序并熟悉 C 程序的上机过程。
3. 了解 C 语言的基本数据类型及其定义方式和使用方法。
4. 了解 C 语言中数据输入/输出函数的使用。

二、实验内容

1. 编写程序显示下列图案，并上机调试该程序。

```
   *
  ***
 *****
*******
```

【程序代码】

```
/* ----------------------------------------------- */
/* ------------------- 显示三角形 ------------------- */
#include"stdio.h"
void main()
{
    Printf("   *\n");
    Printf("  ***\n");
    Printf(" *****\n");
    Printf("*******\n");
}
```

2. 输入以下程序，观察并仔细分析程序运行结果。

【程序代码】

```
main()
{
  int a,b,sum;
  a = 123;
  b = 456;
  sum = a + b;
  printf ("sum is %d\n",sum);
}
```

3. 读程序，写结果(712 分钟是多少小时零多少分钟?)。

【程序代码】

```
#include<stdio.h>
main()
{
    int i = 712,h,m;
    h = i/60;
    m = i%60;
    printf("\nHour: %d,Minute: %d",h,m);
}
```

4. 输入以下程序，观察并仔细分析程序运行结果。

【程序代码】

```
#include <stdio.h>
int max(int x,int y);
main( )
{
  int a,b,c;
  printf("input a & b: ");
  scanf("%d, %d",&a,&b);
  c = max(a,b);
  printf ("max = %d",c);
}
int max(int x,int y)
{
```

```
    int z;
    if (x > y);
    z = x;
    else
    z = y;
    return (z);
}
```

实验二　基本数据类型与运算

一、实验目的

1. 掌握C语言基本数据类型(整型,实型,字符型)变量的定义和使用。
2. 基本了解C语言中基本数据类型的输出格式与方法。
3. 掌握C语言算术、赋值、自增、自减运算符及相应表达式。
4. 掌握不同类型数据之间的赋值规律。
5. 了解强制数据类型转换以及运算符的优先级、结合性。
6. 学会根据表达式,编写相应程序,验证表达式结果的方法。
7. 进一步熟悉C程序的实现过程。

二、实验内容

1. 输入以下程序,观察并仔细分析程序运行结果。

【程序代码】

```
#include<stdio.h>
main()
{
    int a;
    long b;
    unsigned d;
    char e1,e2;
    float f;
    double g;
    a = 1023;
    b = 21454567;
    d = 32768;
    e1 = 'u';
```

```
    e2 = 65;
    f = 2.56987144147;
    g = 2.56987144147;
    printf("a = %d\n",a);
    printf("a = %o\n",a);
    printf("a = %x\n",a);
    printf("b = %ld\n",b);
    printf("b = %d\n",b);
    printf("d = %u\n",d);
    printf("d = %d\n",d);
    printf("e1 = %c\n",e1);
    printf("e1 = %d\n",e1);
    printf("e2 = %c\n",e2);
    printf("f = %f\n",f);
    printf("g = %lf\n",g);
    printf("\n");
}
```

分析与调试：

(1) 注意C语言程序的基本结构；

(2) 了解变量的基本输出格式；

(3) 仔细分析其运行结果。

2. 熟练使用运算符(%,++,--)。

【程序代码】

```
#include<stdio.h>
main()
{
    int x = 123; int c1,c2,c3;
    c1 = x % 10;
    c2 = x/10 % 10;
    c3 = x/100;
    printf("%d, %d, %d\n",c3,c2,c1);

}
```

运行结果为：

1,2,3

分析与调试：

(1) 求余运算符要求两个操作数都必须是整数；

(2) ++和-- 要看清是先使用还是先自增(减)；

(3) 若将最后一句改为 printf("%d%d%d",c3,c2,c1);结果会是什么？与 printf("%d",x);输出的结果有什么不同？

3. 练习自增和自减运算符的使用。

【程序代码】

```
#include<stdio.h>
main()
{
    int x = 2,y,z;
    y = ( ++x) + (x++ ) + ( ++x);
    z = (x-- ) + ( --x) + (x-- );
    printf("x = %d,y = %d,z = %d\n",x,y,z);
}
```

运行结果：

x = 2,y = 12,z = 12

分析与调试：

如果再加一句 printf("%d,%d,%d\n",++z,z++,++z);运行结果是什么？这一句用于验证 printf 函数输出表列中的求值顺序。不同的编译系统不一定相同，可以从左到右，也可从右到左。Turbo C 是按从右到左进行的，CodeBlock 和 VC 6.0 是一样的吗？

4. 已知：a=2,b=3,x=3.9,y=2.3(a,b 整型,x,y 浮点)，计算算术表达式(float)(a+b)/2+(int)x%(int)y 的值。试编程上机验证。

分析与调试：

(1) 先判断结果值类型，可设置一个此类型的变量用于记录表达式结果，本例用 r 存放结果；

(2) 程序先给几个变量赋初值，然后将表达式赋值给变量 r；

(3) 最后打印变量 r 的值就是表达式的值。

5. 已知：a=7,x=2.5,y=4.7(a 整型,x,y 浮点)，计算算术表达式 x+a%3*(int)(x+y)%2/4 的值。编程上机验证。

6. 已知：a=12,n=5(a,n 整型)，计算下面表达式运算后 a 的值。编程上机验证。

(1) a+=a　　2)a-=2　　3)a*=2+3

(2) a/=a+a　　5)a%=(n%=2)　　6)a+=a-=a*=a

7. 将 k 分别设置为 127,-128,128,-129，分析下面程序结果，并上机验证。

【程序代码】

```
main()
{
    float a=3.7,b;
    int i,j=5;
    int k=127;/*用 127,-128,128,-129 测试*/
    unsigned u;
    long l;
    char c;
    i=a;printf("%d\n",i);/*浮点赋值给整型*/
    b=j;printf("%f\n",b);/*整型赋值给浮点*/
    u=k;printf("%d,%u\n",u,u);/*相同长度类型之间赋值*/
    l=k;printf("%ld\n",l);/*整型赋值给长整型,短的类型赋值给长的类型*/
    c=k;printf("%d\n",c);/*整型赋值给字符型,长的类型赋值给短的类型*/
}
```

学生可以对实验程序进行修改、补充,以便上机完成自己需要的程序验证和测试。在完成实验要求的工作外,要学会创造性地工作。

实验三　顺序结构程序设计

一、实验目的

1. 了解C语言顺序结构程序的含义，初步培养编制程序框图和源程序、准备测试数据以及实际调试程序的独立编程能力。

2. 掌握基本输入与输出函数的使用。

二、实验内容

1. 输入函数中的普通字符需要原样输入，并注意分割符的使用。为使得 a=1，b=2，c='A'，d=5.5，在键盘上如何输入？

【程序代码】

```
#include <stdio.h>
main()
{
    int a,b;
    char c;
    float d;
    scanf("a = %d  b = %d",&a,&b);
    scanf("%c   %e",&c,&d);
}
```

分析与调试：

(1) 加上输出函数语句，以帮助核对输出结果，输出语句为：

```
printf("a = %d,b = %d,c = %c,d = %f",a,b,c,d);
```

(2) 运行程序，输入：

```
a = 1  b = 2
A  5.5
```

会产生什么结果，和要求值是否相同？

(3) 若输入

a=1　b=2A　5.5

会产生什么结果，和要求值是否相同？

2. 编辑运行下面的程序，并根据执行结果分析程序中各个语句的作用。

【程序代码】

```
#include <stdio.h>
main()
{
    int a, b;
    float d, e;
    char c1, c2;
    double f, g;
    long m, n;
    unsigned int p, q;
    a=61; b=62;                          /*第十行*/
    c1='a'; c2='b';
    d=5.67; e=-6.78;
    f=1234.56789; g=0.123456789;
    m=50000; n=-60000;
    p=32768; q=40000;
  printf("a=%d,b=%d\nc1=%c,c2=%c\n",a,b,c1,c2);
    printf("d=%6.2f,e=%6.2f\n",d,e);
    printf("f=%15.6f,g=%15.10f\n",f,g);
    printf("m=%ld,n=%ld\np=%u,q=%u\n",m,n,p,q);
}
```

分析与调试：

(1) 运行所给出的源程序，对照结果分析各语句的作用。注意 double 类型和 long 类型的格式控制符为：%lf 和%ld。

(2) 将程序中的第二、第三个 printf 语句修改为如下形式，然后运行程序，查看结果。

```
printf("d=%-6.2f,e=%-6.2f\n",d,e);
printf("f=%-15.6f,g=%-15.10f\n",f,g);
```

(3) 将上述两个 printf 语句进一步修改为如下形式，然后运行程序，查看结果。

```
printf("d=%-6.2f\te=%-6.2f\n",d,e);
printf("f=%-15.6f\tg=%-15.10f\n",f,g);
```

(4) 将程序的第 10～15 行修改为如下语句：

```
a = 61;b = 62;
c1 = 'a';c2 = 'b';
f = 1234.56789;g = 0.123456789;
d = f;e = g;
p = a = m = 50000;q = b = n = - 60000;
```

运行程序,并分析结果。

(5) 修改(1)中的程序,不使用赋值语句,而用下面的 scanf 语句为 a、b、c1、c2、d、e 输入数据:

```
scanf("%d%d%c%c%f%f",&a,&b,&c1,&c2,&d,&e);
```

① 请按照程序原来中的数据,选用正确的数据输入格式,为上述变量提供数据。

② 使用如下数据输入格式,为什么得不到正确的结果?

输入数据:61　62　a　b　5.67　−6.78

(6) 进一步修改(5)中使用的程序,使 f 和 g 的值用 scanf()函数输入。

(7) 进一步修改上面的程序,使其他所有变量的值都改用 scanf()函数输入。

3. 已知圆半径,圆柱高,求圆周长,圆柱体积。

【程序代码】

```
#include<stdio.h>
main()
{
    float r,h,l,v,pi;
    pi = 3.1415926;
    scanf("%f,%f",&r,&h);
    l = 2 * pi * r;
    v = pi * r * r * h;
    printf("圆周长为:%6.2f\n",l);
    printf("圆柱体积为:%6.2f",v);
}
```

分析与调试:

简单的顺序结构程序,运行程序并观察结果。

实验手段:

上机操作,分析运行过程,观察运行结果。实验时仔细对比程序实际运行结果,认真思考并回答实验分析中的问题。

操作方法:

学生可以对实验程序进行修改、补充,以便上机完成自己需要的程序验证和测试。在完成实验要求的工作外,要学会创造性地工作。

实验四　选择结构程序设计

一、实验目的

1. 掌握 if 语句的使用方法。
2. 掌握 switch 语句的使用方法。
3. 能够灵活运用选择结构进行程序设计，能够绘制流程图。

二、实验内容

1. 输入 3 个整数，将最大的一个赋值给 max。

【程序代码】

```
#include<stdio.h>
main()
{
    int a,b,c,max;
    printf("请输入3个整数:");
    scanf("%d%d%d",&a,&b,&c);
    if(a>b)
        max=a;
    else
        max=b;
    if(c>max)
        max=c;
    printf("max is : %d\n",max);
}
```

分析与调试：

(1) 分析程序的执行过程，画出流程图；

(2) 若要求 3 个数中最小的一个，如何修改程序；

(3) 若将 if 语句换成条件语句能够实现同样功能。

2. 有一函数：

$$y=\begin{cases}x(x<1)\\2x-1(1\leqslant x<10)\\3x-11(x\geqslant 10)\end{cases}$$

用 scanf 函数输入 x 的值，求 y 的值。运行程序，输入 x 的值（分别用上面三种情况），检查输出的 y 值是否正确。

分析与调试：

使用 if 语句的多分之结构实现，在输入判断条件时注意逻辑表达式的写法。

3. 给出一个百分制成绩。要求输出成绩的等级 A、B、C、D、E。90 分以上的为 A，81～89 分的为 B，70～79 的为 C，60～69 分的为 D，60 分以下的为 E。

(1) 事先编好一个程序，要求分别用 if 语句和 switch 语句实现。运行程序，并检查结果是否正确。

(2) 再运行一次程序，输入分数为负值，这显然是输入时出错，不应给出等级。修改程序。

(3) 使之能正确处理任何数据。当输入数据大于 100 或小于 0 时通知用户“输入数据错”，程序结束。

分析与调试：

比较 if 和 switch 两种语句的使用方法。

4. 一个不多于 5 位的整数，要求：

1) 求出它是几位数；

2) 分别打印每一位数字；

3) 按逆序打印出各位数字，例如原数为 321，应输出 123。

应准备以下测试数据：

要处理的数为 1 位正整数；

要处理的数为 2 位正整数；

要处理的数为 3 位正整数；

除此之外，程序还应当对不合法的输入做必要的处理（例如输入负数或超过 3 位数字）。

分析与调试：

1) 求出数字的位数有多种方法，本题只要求大家将数字限定在 3 位以内通过 if 或 switch 语句来求。

2) 每一位数字的求解需要灵活运用数学运算符。例如对于 56 这样一个两位数，可以用 56%10 得到个位数字，可以用 56/10 得到十位数。

实验手段：

上机操作，分析运行过程，观察运行结果。实验时仔细对比程序实际运行结果，认真思考并回答实验分析中的问题。

操作方法：

学生可以对实验程序进行修改、补充，以便上机完成自己需要的程序验证和测试。在完成实验要求的工作外，要学会创造性的工作，灵活运用。

实验五　循环结构程序设计

一、实验目的

1. 熟练掌握 while、do-while 语句的使用。
2. 熟练掌握 for 语句的使用。
3. 掌握循环嵌套的灵活运用。

二、实验内容

1. 用三种循环结构，求 1 000 以内奇数的和。
2. 用 while，do-while 循环求 i～10 的连加和，i 由用户输入。
3. 有一堆零件(100～200 个之间)，如果以 4 个零件为一组进行分组，则多 2 个零件；如果以 7 个零件为一组进行分组，则多 3 个零件；如果以 9 个零件为一组进行分组，则多 5 个零件。编程求解这堆零件总数。

提示：用穷举法求解。即零件总数 x 从 100～200 循环试探，如果满足所有几个分组已知条件，那么此时的 x 就是一个解。分组后多几个零件这种条件可以用求余运算获得条件表达式。

实验六　结构化程序设计

一、实验目的

1. 综合应用 3 种基本程序结构，了解结构化程序设计的含义。
2. 灵活运用语法规则及程序结构，解决实际应用问题。

二、实验内容

1. 某女士手里拎了一篮鸡蛋，从她身边奔跑而过一匹惊马，吓了她一跳，结果把篮里的鸡蛋打碎了一些，她说两个一数，三个一数，四个一数，五个一数时，余数分别为 1，2，3 和 4。问篮里原有多少个鸡蛋(打碎的鸡蛋.c)?

(答案：59 个。)

分析：解决这类问题的要点就是找到一个最大的数作为步长，以减少其循环次数，该例题的最大数为 5，故应以 5 为步长。

【程序代码】

```
main()
{ int i;
  for (i = 9;;i += 5)
   if ((i % 5 == 4)&&(i % 4 == 3)&&(i % 3 == 2)&&(i % 2 == 1))
    {printf("篮里原有 % 4d 个鸡蛋.",i);
     exit(0);
    }
}
```

2. 递增的牛群：若一头小母牛，从第四年开始每年生一头母牛，按此规则，N 年以后将有多少头牛?

分析：对该问题首先可用枚举法列出前几年的结果：

第一年：1　　第二年：1　　第三年：1

第四年：2　　第五年：3　　第六年：4

第七年： 6　　第八年： 9　　第九年： 13

第十年： 19　　……

从以上数据可以看出：从第四年开始，每年的数据都是前一年的数据

与前三年的数据之和。这样，就不难得出问题的解决方案（递增牛群 1.c）。

解法一：该解法利用 f3、f2、f1、f 这几个变量来保存前一、二、三年以及本年的牛的数量。

【程序代码】

```
main()
{int i,year,f,f1,f2,f3;
 printf("请输入年份:");
 scanf("%d",&year);
 for(i=1;i<=year;i++)
  { if(i<4)
     f=f1=f2=f3=1;
 else
  { f=f1+f3;
    f1=f2;
    f2=f3;
    f3=f;
  }
 printf("第%d年有%d头牛.\n",i,f);
 }
}
```

解法二：该解法利用一个数组来实现循环队列的功能。其中变量 i 相当于队列指针，把它与队列结点取模之后，随着 i 值的递增就能实现循环地遍历数组的功能（递增牛群 2.c）。

【程序代码】

```
main()
{int i,year,f[4]={1,1,1,1};
 printf("请输入年份:");
 scanf("%d",&year);
 for(i=1;(i<=year)&&(i<4);i++)
  printf("第%d年有%d头牛.\n",i,f[i]);
 for(i=4;i<=year;i++)
  { f[(i+3)%4]=f[i%4]+f[(i+2)%4];
```

```
    printf("第%d年有%d头牛.\n",i,f[(i+3)%4]);
  }
}
```

3. 打印输出前一百个素数。

分析:本题可用一变量 m 来统计已求的素数个数,求素数的方法是:判断所求的数是否被所有的小等于该数的开方的数整除,则所求的数不是素数。

【程序代码】

```
#include <math.h>
main()
{int i,j,t,m=2;
 printf("2,3,");
 for (i=5;m<=100;i+=2)
  { t=0;
    for (j=sqrt(i);(j>2)&&(t==0);j--)
      if (i%j==0) t=1;
    if (t==0) {printf("%d,",i);m++;}
  }
}
```

实验七　函数与预编译处理实验（一）

一、实验目的

1. 掌握函数的定义和调用。
2. 理解形参和实参的使用和传值调用。
3. 理解函数声明的使用。

二、实验内容

1. 输入两个整数，并输出两数之和模 7 的余数。尝试修改函数 add 为 add_mod，将模 7 的作为参数传递给函数 add_mod，可以输出任意两个整数之和模任意整数的余数。

【程序代码】

```
#include <stdio.h>
void main()
{
      int add(int a,int b);
      int i,j,k;
      i = 13;j = 76;
      k = add(i,j) % 7;
      printf("(a + b) % 7 = %d\n" ,k);
}
int add(int a,int b)
{
      return (a + b);
}
```

2. 求 1 到整数 N 的三次方的倒数的累加和。尝试修改函数求 1 到整数 N 的任意次方的倒数的累加和。

【程序代码】

```
#include <stdio.h>
int sum(int k,int n);
int power(int m,int n);
int main(void)
{
    double total = 0;
    int K = 3;
    int N = 6;
    total = sum(K,N);
    printf("从 1 到 %d 的 3 次方的倒数的累加和为：%d\n",N,K,total);
    return 0;
}
double sum(int k,int n)
{
     int i;
     double sum = 0;
     for (i = 1;i<= n;i ++ )
     {
        sum += power2(i,k);
     }
     return sum;
}
double power2(int m)
{
     double r = m * m * m;;
     return 1/r;
}
```

3. 输出斐波纳契数列。

斐波纳契数列指的是这样一个数列：0,1,1,2,3,5,8,13,21,…。在数学上，斐波纳契数列以如下被以递归的方法定义：F0=0,F1=1,Fn=F(n−1)+F(n−2)(n>=2,n∈N*)，用文字来说，就是斐波纳契数列由 0 和 1 开始，之后的斐波纳契数列系数就由之前的两数相加。

【程序代码】

```
#include <stdio.h>
```

```
void print_fbnq(int n)
{   int i;
   int f0,f1,f2;
   f0 = 0;f1 = 1;
   printf(" % d\n",f0);
   printf(" % d\n",f1);

   for(i = 2;i<n;i ++ )
   {
       f2 = f0 + f1;
       f0 = f1;
       f1 = f2;
       printf(" % d\n",f2);
   }
}
main()
{   int n;
     printf("\n 请输入一个大于 0 的整数:\n");
     scanf(" % d",&n);
     if(n<1)printf("n<1,无效输入");
     print_fbnq(n);
     printf("Finished Print\n");
}
```

4. 用递推法计算 n 的阶乘。

用递推法计算 n 的阶乘,也就是应用阶乘的定义求取阶乘。用一个简单的 for 循环即可实现。

【程序代码】

```
#include <stdio.h>
long fact(int n)
{  long f;
   int i;
   f = 1;
   for(i = 2;i< = n;i ++ )
   {
       f = f * i;
```

```
    }
    return(f);
}
main()
{   int n; long y;
    printf("\n请输入一个大于0的整数:\t");
    scanf("%d",&n);
    if(n<1) printf("n<1,无效输入");
    y=fact (n);
    printf("%d!=%ld\n",n,y);
}
```

5. 运行下面的程序,仔细体会局部变量的作用域。

【程序代码】

```
#include <stdio.h>
void fun1(int a)            /* 函数 fun1 */
{
    int b=0;
    printf("start of fun1: a=%d,b=%d\n",a,b);
    a=a+5 ;
    b=a*a ;
    printf("end of fun1: a=%d,b=%d\n",a,b);
}

void main()
{
    int a=3,b=7;
    printf("start of main: a=%d,b=%d\n",a,b);
    fun1(a);
    printf("end of main: a=%d,b=%d\n",a,b);
}
```

实验八　函数与预编译处理实验（二）

一、实验目的

1. 理解函数声明的使用。
2. 了解函数的嵌套与递归调用，掌握递归函数的编写规律。
3. 了解预编译、宏定义与使用、多文件操作。

二、实验内容

1. 输入直角三角形的两个直角边边长，求斜边的边长。修改程序为给定斜边和任意一直角边，求另一直角边。

【程序代码】

```
#include <stdio.h>
#include <math.h>
double a,b,c;
double third_len()   {
    c = a * a + b * b;
     c = sqrt(c);
    return c;
}
void main()
{
    Double c1,c2,c3;
    a = 3; b = 4;
    c1 = third_len();
    a = 8; b = 9;
    c2 = third_len();
    a = 2; b = 6;
```

```
    c3 = third_len();
    printf("c1 = %6.2lf\n",c1);
    printf("c2 = %6.2lf\n",c2);
    printf("c3 = %6.2lf\n",c3);
}
```

2. 运行下面的程序，仔细体会和理解全局部变量被局部变量屏蔽的情形。

【程序代码】

```
#include <stdio.h>
int k;  //声明全局变量k
void printnum1()
{
    int k = 127; //声明局部变量k并赋值
    printf("IN printnum1: k = %d\n",k);
}
void printnum2()
{
    printf("IN printnum2: k = %d\n",k);
}
void main()
{
    k = 10;  //为全局变量k赋值
    printnum1();
    printnum2();
}
```

3. 使用静态变量打印 1～7 的平方的累加和，对比 fac1 和 fac2 的结果，分析输出不同结果的原因。

```
#include <stdio.h>
int fac1(int n)
{   static int f = 0;
    f += n * n;
    return(f);
}
int fac2(int n)
{   int f = 0;
    f += n * n;
```

```
    return(f);
}

main()
{   int i;
    for(i=1;i<=7;i++)
        printf("%d\n",i,fac1(i));
    for(i=1;i<=7;i++)
        printf("%d\n",i,fac2(i));

}
```

4. 用辗转相减法求两个整数的最大公约,分别用递归函数和非递归函数实现。

求两个整数的最大公约有辗转相减法和辗转相除法(见理论教材)两种经典算法,既可以用递归方法,也可以用非递归方法实现。运行下面的程序,并添加求两个整数最小公倍数的函数。

【程序代码】

```
//非递归函数法
int lcd1(int a,int b){
    while(1)
    {
        if(a>b)
            a-=b;
        else if(a<b)
            b-=a;
        else
            return a;
    }
}

//递归函数法
int lcd2( int a, int b){
    if(a>b)
        return lcd2(a-b,b);
    else if(a < b)
        return lcd2(a,b-a);
    else
```

```
        return a;
}

void main()
{
    int a = 18;
    int b = 72;
    int r1 = lcd1(a,b);
    int r2 = lcd2(a,b);

    printf("r1 = %d, r2 = %d\n", r1,r2);
}
```

5. 应用宏定义计算给定半径的圆的面积和周长。

```
#include <stdio.h>
#define PI 3.1415926
#define PI2 PI * 2
double area_circle(double r){
    double area;
    area = PI * r * r;
    Return area;
)
double perimeter_circle(double r){
    double c;
    c = PI2 * r;
    return c;
)

void main()
{
   double r,c,s;
   printf("Input radius of the circle: \n");
   scanf(" %lf, %lf",&r);
   c = perimeter(r);
   S = area_circle(r);
   printf("perimeter = %lf,area = %lf\n",c,s);
}
```

6. 下面的程序由两个源文件 main. c 和 mymath. c 组成，其中 mymath. c 文件中定义了一个求 3 个数中最小值和最大值的函数。main. c 中只有一个 main 函数，其中的语句调用了 mymath. c 中定义的 max 函数。

【程序代码】

```
/* main.c 文件的内容 */
#include <stdio.h>
#include "mymath.c"
void main(){
    int m = 167,n = 78,k = 97;
    int p  = min(m,n,k);
    int q = max(m,n,k);

    printf("minimize number is: %d\n",p);
    printf("maximize number is: %d\n",q);

}
/* mymath.c 文件的内容 */
int min(int a,int b,int c)
{
     if(a>b)
       a = b;
     if(a>c)
       a = c;
     return (a);
}
int max(int a,int b,int c)
{
     if(a<b)
       a = b;
     if(a<c)
       a = c;
     return (a);
}
```

实验九　数组的运用（一）

一、实验目的

1. 掌握一维数组的定义和使用。
2. 了解二维数组的定义和使用。
3. 掌握字符数组的定义和使用。
4. 了解数组用作函数参数的方法。

二、实验内容

1. 一维数组的初始化

阅读和运行下面的几个程序，分析导致不同结果的原因，并总结一维数组的正确的初始化方法。

【程序代码】

(1)

```
#include  <stdio.h>
int main()
{
   int a[] = {1,2,3,4,5,6,7,8},i,j,s = 0;
   j = 1;
   for ( i = 7 ; i> = 0 ; i-- )
   {
        s = s + a[i] * j ;
        j = j * 10 ;
   }
   printf(" s = %d \n" , s );
   return 0;
}
```

(2)

```
#include  <stdio.h>
int main(){
        int a[8] = {1,2,3,4,5},i,j,s = 0;
        j = 1;
        for ( i = 7 ; i> = 0 ; i-- ){
            s = s + a[i] * j ;
            j = j * 10 ;}
            printf(" s = %d \n" , s );
            return 0;}
```

(3)

```
#include  <stdio.h>
int main(){
        int a[] = {1,2,3,4,5};
        int i,j,s = 0;
        j = 1;
        for ( i = 7 ; i> = 0 ; i-- ){
            s = s + a[i] * j ;
            j = j * 10 ;
        }
        printf(" s = %d \n" , s );
        return 0;
}
```

2. 二维数组的初始化

阅读和运行下面的几个程序，分析导致不同结果的原因，并总结二维数组的正确的初始化方法。

【程序代码】

(1)

```
#include<stdio.h>
int  main() {
      int  k ;
      int  a[3][3] = {9,8,7,6,5,4,3,2,1} ;
      for (k  = 0; k<3; k++ ) {
          printf(" %d  \t",a[k][0]);
          printf(" %d  \t",a[k][1]);
```

```
        printf("%d  \n",a[k][2]);
      }
      return 0;
}
```

(2)

```
#include<stdio.h>
int  main() {
      int  k ;
      int  a[][3] = {9,8,7,6,5,4,3,2,1} ;
      for (k = 0; k<3; k++ ) {
        printf("%d  \t",a[k][0]);
        printf("%d  \t",a[k][1]);
        printf("%d  \n",a[k][2]);
      }
      return 0;
}
```

(3)

```
#include<stdio.h>
int  main() {
      int  k ;
      int  a[][3] = {9,8,7,6,5,4,3} ;
      for (k = 0; k<3; k++ ) {
        printf("%d  \t",a[k][0]);
        printf("%d  \t",a[k][1]);
        printf("%d  \n",a[k][2]);
      }
      return 0;
}
```

3. 字符数组的初始化和字符串处理函数

执行下面程序时，按提示输入姓名和时间，查看输出结果，并修改字符串数组的各个参数，查看运行结果。

【程序代码】

```
#include <stdio.h>
#include <string.h>
void  main(){
```

```
    char s1[100] = "Hello! ";
    char s2[50] = {'G','o','o','d',' ',' '};
    char s3[50];
    printf("What's your name? \n");
    gets(s3);
    strcat(s1,s3);
    printf("%s \n",s1);

    printf("What time is it now? (morning or afternoon) \n");
    gets(s3);
    strcat(s2,s3);
    printf("%s\n",s2);
}
```

4. 字符数组处理实例

下面程序的功能是将字符串 str 中所有的字符'h'删除。运行程序，并修改程序为使其替换 str 的所有字符'h'为'H'。

【程序代码】

```
#include <stdio.h>
int main(){
        char  str[80] ;
        int i,j;
        gets(str);
        for(i = j = 0;str[i]! = '\0'; i++ )
            if (str[i]! = 'h') str[j++] = str[i];
        str[j] = '\0';
        puts(str);
        return 0;
}
```

实验十　数组的运用（二）

一、实验目的

1. 掌握数组的排序。
2. 了解二维数组的定义和使用。
3. 了解数组用作函数参数的方法。

二、实验内容

1. 数组排序

下面的程序接收从键盘输入的10个整数数，按从大到小的顺序排列起来。试运行程序并修改为：(a)将输入的数据按从小到大的顺序排列；(b) 最后输出10个整数的平均值。

【程序代码】

```
#include "stdio.h"
void main()
{
    int i,j,k;
    int b[10],t;
    for (i=0;i<10;i++)
        scanf("%d",&b[i]);
    for (j=0; j<9; j++)
        for (k=j+1; k<10; k++)
          if (b[j]<b[k]){
            t=b[j];
            b[j]= b[k];
            b[k]=t;}

    for (j=0; j<9; j++)
        printf("\n %d",b[j]);
```

```
    printf("\n");
}
```

2. 数组作为函数参数

下面程序的功能是将十进制整数转换成二进制，但只能转换 0～255 之间的整数为二进制。运行程序，并修改程序使得：(a)可以转换更大的正整数为二进制数值；(b) 可以由用户运行时输入指定十进制数进行转换。

【程序代码】

```
#include<stdio.h>
void DecToBin (unsigned int iDec, char pBin[8])
{
    unsigned int temp;
    int i = 7;
    while(i>= 0) {
      temp = iDec;
      temp = temp>>i;
      temp = temp&1;
      pBin[7 - i] = temp + '0';
      i--;
    }
}

void main(){
    unsigned int a = 6;
    char pBin[9];
    int i;
    for(i = 0;i<9;i++) {
      pBin[i] = '\0';
    }
    DecToBin (a, pBin);
    printf("%s\n",pBin);
}
```

3. 编写程序并调试运行

(1) 求 5×5 矩阵下两条对角线上的各元素之和。

(2) 编写一个将一个字符串逆转的程序，如将 s[ ] ="hello world!"改为 s[ ] = "! dlrow olleh"。

实验十一　指针的运用

一、实验目的

(1) 通过实验进一步了解指针的概念，熟练掌握指针的定义、赋值、使用。

(2) 能正确使用数组的指针，能用指针引用数组的元素。熟悉指向数组的指针变量的用法。

(3) 熟练掌握字符数组与字符串的使用，能正确使用字符串的指针和指向字符串的指针变量。

(4) 掌握指针数组及字符指针数组的用法。

(5) 了解指向指针的概念及其使用方法。

二、实验内容

1. 数组的反序程序

(1) 程序分析

本程序要求将数组中所存的数据元素按相反的顺序存储并输出查看结果。

解题思路：将数组内的元素交换位置。为了达到反序的目的，应该将第一个元素与最后一个元素交换，第二个元素与倒数第二个元素交换。以此类推，一直交换到中间为止(此处注意：不能交换数组元素的个数的次数，原因大家自行思考)。为了达到逐个交换的目的，可利用循环进行交换，数组中元素的表示采用指针方式(间接访问)。

(2) 程序源代码如下：

```
#include <stdio.h>
  int main()
  {
    int a[5] = {1,2,3,4,5};
    int i,j,t;
    for(i = 0,j = 4;i<j;i ++ ,j -- )
    {
```

```
        t = *(a+i);
        *(a+i) = *(a+j);
        *(a+j) = t;
      }
    for(i=0;i<5;i++)
        printf("%d", *(a+i));
        printf("\n");
    return 0;
}
```

2. 八进制转换为十进制程序

(1) 程序分析

本程序要求将一个八进制的数字转换为十进制的数字输出。

解题思路：因为八进制转十进制要对八进制的每一位数字逐一按规律转换，因此应将八进制数字逐个存放在数组中，再对数组中每个元素依次转换后累加。为了方便存取，可用字符数组来存放八进制的每一个数位，具体转换公式如以下程序中循环内语句：n=n*8+*p-'0';(原因请大家根据进制转换的规律自行思考)，其中*p-'0'的意义是将数字字符转换成数值。

(2) 程序源代码

```
#include <stdio.h>
  int main()
  {
    char *p,s[6];
    int n;
    gets(s);
    p=s;
    for(n=0;*(p)!='\0';p++)
        n=n*8+*p-'0';
    printf("%d\n",n);
    return 0;
  }
```

3. 字符串排序程序

(1) 程序分析

本程序要求对输入的三个字符串进行比较并排序后输出。

解题思路：本题中对字符串的比较可采用字符串处理库函数 strcmp，排序的方法可采用三个数排序的方法，但不能简单将两个字符数组直接交换，需利用字符串处理库函数 strcpy 来实现。

(2) 程序源代码

```
#include <stdio.h>
#include <string.h>
 int main()
 {
   char *str1[20],*str2[20],*str3[20];
   char swap();
   printf("请依次输入三个字符串:\n");
   scanf("%s",str1);
   scanf("%s",str2);
   scanf("%s",str3);
   if(strcmp(str1,str2)>0) swap(str1,str2);
   if(strcmp(str1,str3)>0) swap(str1,str3);
   if(strcmp(str2,str3)>0) swap(str2,str3);
     printf("排序后的字符串为:\n");
     printf("%s\n%s\n%s\n",str1,str2,str3);
     return 0;
   }
   char swap(char *p1,char *p2)
     {
      char *p[20];
      strcpy(p,p1);strcpy(p1,p2);strcpy(p2,p);
     }
```

4. 大家来报数程序

(1) 程序分析

本题描述:有 n 个人围成一圈,顺序排号。从第一个人开始报数(从 1 到 3 报数),凡报到 3 的人退出圈子,问最后留下的是原来第几号的那位。

分析:每次循环之后,数到 3 的人都被淘汰,其他的人构成一个新的圈,if(*(p+i)!=0) k++;实现了那些没有被淘汰的人(数组的对应元素值不为 0)围成一个圈。虽然被淘汰的人不再参与围成一个圈,但每次都要逐一判断这 n 人是否被淘汰,可设置一个变量 i 用来记录这个数的。

因此,每次的圈子,表面上是由没有被淘汰的人围起来的,但仍逐一进行了判断。

(2) 程序源代码

```
#include<stdio.h>
```

```
int main()
  {
    int i,k,m,n,num[50], * p;
   printf("请输入总人数:");
    scanf(" % d",&n);
     p = num;
     for(i = 0;i<n;i ++ )
      * (p + i) = i + 1;
    i = 0;
    k = 0;
   for(m = 0;m<n - 1;m ++ )
    {
         if( * (p + i)! = 0) k ++ ;
         if(k = = 3)
         {
             * (p + i) = 0;
            k = 0;
         }
         i ++ ;
         if(i = = n) i = 0;
    }
while( * p = = 0) p ++ ;
printf("最后一个退出的为: % d\n", * p);
  return 0;
  }
```

实验十二　用户自定义数据类型

一、实验目的

1. 通过实验进一步了解结构体的概念，掌握结构体的定义及使用。
2. 掌握结构体类型数组的概念，能简单应用结构体类型数组。
3. 掌握链表的概念及基本使用方法。

二、实验内容

1. 职工工资程序

(1) 程序分析

本程序要求定义职工工资为结构体类型，并实现5名职工的工资信息的输入及计算，其中每一位职工工资信息涉及数据项包括：数据项、职工编号、姓名、基本工资、奖金、提成和应得工资。

对5名职工工资信息的输出，要求输出格式如下：

```
编号    姓名    基本工资    奖金    提成    实发工资
1
2
3
4
5
```

解题思路：本程序重点在如何定义好结构体数据类型，注意每一成员项的基本类型，其中姓名项应为字符型数组，其他各成员项都和钱款有关，可都采用浮点型。用结构体类型定义好所需变量后，即可通过变量访问其中的各个数据项成员，从而实现输入与输出操作。

注意：为了达到程序输出格式要求，可在输出中使用转义字符\t，实现各数据项之间的分隔与对齐。

(2) 程序源代码

```
#include <stdio.h>
  struct worker
  {
     int id;
     char name[20];
    float salary;
    float bonus;
    float commission;
    float pay;
  }worker;
int main()
  {
    struct worker man[5];
    int i=0;
     for(i=0;i<5;i++)
        {
          man[i].id=i+1;
          printf("请输入第%d位员工名字:",i+1);
          scanf("%s",man[i].name);
          printf("请输入第%d位员工基本工资:",i+1);
          scanf("%f",&man[i].salary);
          printf("请输入第%d位员工奖金:",i+1);
          scanf("%f",&man[i].bonus);
          printf("请输入第%d位员工提成:",i+1);
          scanf("%f",&man[i].commission);
          man[i].pay=man[i].salary+man[i].bonus+man[i].commission;
         }
       printf("员工工资信息如下:\n");
       printf("编号\t姓名\t基本工资\t奖金\t提成\t实发工资\n");
     for(i=0;i<5;i++)
        {
          printf("%d\t%s\t%.2f\t%.2f\t%.2f\t%.2f\n",
          man[i].id,man[i].name,man[i].salary,man[i].bonus,man[i].com-
           mission,man[i].pay);
```

```
    }
    return 0;
}
```

2. 谁最大?

(1) 程序分析

本程序要求找到一群人中年龄最大的,并输出其姓名及年龄信息。因为每个人的信息中有姓名及年龄,这两项类型不同,需定义结构体数据类型,再用结构体类型定义好数组即可实现各人的信息输入、输出和比较等操作。考虑到结构体数组的操作方便,可使用指针的方式进行结构体数组各元素的访问。

(2) 程序源代码

```
#include<stdio.h>
 static struct man
  {
    char name[20];
    int age;
   } person[4] = {"li",18,"wang",19,"zhang",20,"sun",22};
  int main()
   {
     struct man *q, *p;
     int i,m = 0;
     p = person;
    for (i = 0;i<4;i++)
      {
        if(m<p->age)
        q = p++;
        m = q->age;
      }
  printf("%s,%d",(*q).name,(*q).age);
  return 0;
}
```

3. 找一找

(1) 程序分析

本程序要求在已有的多个数据中找一找一个数是不是存在。如果存在,输出是第几个。

因为数据多少开始不确定,用数组来存储这些数据不太合适,在此考虑采用链表的形式，建立好链表并存储了数据后，通过查找链表的方式，判断目标数是否在链表中。如找到，输出该数所在的结点位置。

（2）程序源代码

```
#include<stdio.h>
#include<stdlib.h>
struct target
{
      int data;
      struct target * next;
};
int main()
{
      struct target *head, *t, *end;
      int i,position,found=0;
      head=NULL;
      end=head;
      scanf("%d",&i);
      while(i!=-1)          //链表中各数据依次输入，以输入-1作为输入结束
      {
          t=(struct target *)malloc(sizeof(struct target));
          if (t==NULL)
          {
                printf("申请空间失败！\n");
                return;
          }
          t->data=i;
          if (head==NULL)
          {
                head=t;
                end=t;
          }
          else
          {
                end->next=t;
                end=t;
```

```
        }
        scanf("%d",&i);
    }
    if (head)
        end->next = NULL;
    /*输出建立好的链表*/
    t = head;
    while(t)
    {
        printf("%4d",t->data);
        t = t->next;
    }
    printf("\n");
    printf("输入要查找的数:");
    scanf("%d",&i);
    position = 0;
    t = head;
    while(t)
    {
        position++;
        if(t->data == i)
    {
        found = 1;
        break;
    }
    t = t->next;
}
if(found)
    printf("位置是:%d.\n",position);
else
    printf("%d不存在.\n",i);
return 0;
}
```

实验十三　文　件

一、实验目的

1. 掌握文本文件和二进制文件在磁盘中的存储方式。
2. 了解文件打开和关闭的概念和方法。
3. 掌握流式文件的读写方法。

二、实验内容

1. 程序分析题

用变量 count 统计文件中字符的个数。

```
 #include<stdio.h>
 main()
 {FILE  * fp; long count = 0;
 If((fp = fopen("letter.dat","r")) == NULL)
 {printf("cannot  open file\n");
  exit(0);}
 while(! feof(fp))
{
 fgetc(fp);
count ++ ;}
printf("count = %1d\n",count);
fclose(fp);
}
```

2. 程序改错题

(1) 已知已有文件 text.txt 中内容为 Hello,Everyone!,请修改程序中的错误。

```
#include<stdio.h>
main()
{
```

```
    Char str[40];
    fr = fopen("text.txt","r");
    fgets(str,5,fr);
    printf("%s\n",str);
    fclose(fr);
}
```

(2) 下面程序产生所有水仙花数，程序中存在错误，请将其改正。

```
#include<stdio.h>
void main()
{
file fp;                              /*定义文件指针*/
int i,a,b,c;
fp = open("C:\\data.txt","w");        /*打开文件*/
for(i = 100;i<1000;i++) {             /*查找水仙花*/
    a = i/100;
    b = i%100/10;
    c = i%10;
    if(a*a*a+b*b*b+c*c*c==1){
        fprintf("%8d",i);
    }
  }
  Printf("运行完毕，数据全部保存!");
}
```

3. 程序填空题

(1) 以下程序用来统计文件中的字符个数，请填空。

```
  #include"stdio.h"
  main()
  { FILE *fp;long num = 0L;
  If((fp = fopen("fname.dat","r")) == NULL)
  {printf("Open error\n");exit(0);}
  while(________)
  {fgetc(fp);num++;}
  printf("num = %1d\n",num-1);
  fclose(fp);
  }
```

(2) 下列程序把从终端读入的文本(用@作为文本结束标志)输出到一个名为 bi.dat 的新文件中,请填空。

```
#include"stdio.h"
main()
{
  FILE *fp;
  char ch;
  if((fp=fopen(________))==NULL)exit(0);
  while((ch=getchar())!='@')fpute(ch,fp);
  fclose(fp);
}
```

第三部分　C 语言经典算法举例

第一章　数值处理

1.1　有一个老人在临死前把三个儿子叫到跟前，告诉他们把19头牛分了，老大分1/2，老二分1/4，老三分1/5，说完就死了。按当地习俗，不能宰牛。问三个儿子各能分多少？　　　　（答案：10，5，4）

分析：由于19与2、4、5都不能整除，所以就不能用平常的方法来解决这个问题。但是，如果仔细一点就可以发觉到：1/2＋1/4＋1/5＝19/20，而牛的数量刚好为19。由此，就不难得出该问题的解决办法：

```
main()
{int i;
 for(i = 1;i< = 10;i ++ )
   if(i + i/2 + 2 * i/5 == 19)
 printf("三个儿子分别分 %d 头，%d 头和 %d 头.\n",i,i/2,2 * i/5);
 getch();
}
```

==

1.2　一元钱分成1分、2分、5分的，问有多少种分法？　　　　（答案：541种）

```
main()
{int i,j,sum = 0;
 for (i = 0;i< = 20;i ++ )                /* 变量 i 为 5 分钱的数量 */
   for (j = 0;j< = (100 - 5 * i)/2;j ++ ) /* 变量 j 为 2 分钱的数量，其余的就为
                                             一分钱 */
        sum ++ ;
 printf("共有 %d 种分法.",sum);
 getch();
}
```

==

```
#include <stdio.h>
int main()
```

```
{
    int f;
    int t;
    int count = 0;
    for(f = 0 ; f<= 20 ; f ++){
        for(t = 0 ; t<= 50 ; t ++){
            if(f * 5 + t * 2<= 100){
                count ++ ;
            }
        }
    }
    printf("%d\n",count);
    return 0;
}
```

==

1.3 战士们做了一个靶子,靶子分五格,中心是39环,从左起顺时针是23、17、24、16。战士小李射了若干枪,每一次都击中靶子,并且正好是100环。问他打了几枪?每枪多少环? (答案:6枪,环数为17,17,17,17,16,16。)

```
main()
{int i,j,k,l,m,n;
 for (i = 0;i<3;i ++)                    /* 打中39环的枪数 */
   for (j = 0;j<k = 4;j ++)              /* 打中24环的枪数 */
     for (k = 0;< = 4;k ++)              /* 打中23环的枪数 */
       for (l = 0;l< = 6;l ++)           /* 打中17环的枪数 */
        {n = 100 - i * 39 - j * 24 - k * 23 - l * 17; /* 余下的就为16环的枪数 */
      if (n % 16 == 0)  /* 不用全部循环,可以找最后一个变量在结果中必须满足什么条件,令其符合即可,本例中剩余的环数就应该被16整除,所得的数就是16环的枪数 */
 { m = n/16;
        printf("打中39环%d个,24环%d个,23环%d个,17环%d个,16环%d个,共打了%d枪.",
               i,j,k,l,m,i + j + k + l + m);
        exit(0);
    }
    }
```

```
    getch();
  }
```

==

1.4　甲、乙两个城市有一条999公里长的公路。公路旁每隔一公里竖立着一个里程碑,里程碑的半边写着距甲城的距离,另半边写着距乙城的距离。有位司机注意到有的里程碑上所写的数仅用了两个不同的数字,例如000/999仅用了0和9,118/881仅用了1和8。算一算具有这种特征的里程碑共有多少个,是什么样的?　　(答案:40个)

分析:从题意中可知每对数仅用了两个不同的数字,并且两个数字之和恒等于9。并且,每对数之和也应恒等于999。

解法一:该解法利用三重循环分别求出每个数字的各个位数。因为每个数最多只用两个不同的数字,所以每个数中至少有2个数字是相同的。再根据两个不同数字之和恒等于9,不难得出如下求解过程:

```
main()
{int i,j,k,m,n=0;
 for (i=0;i<=9;i++)
   for (j=0;j<=9;j++)
     for (k=0;k<=9;k++)
       if(((i==j)&&(9-i==k))||((i==k)&&(9-i==j))||((j==k)&&(9-
k==i))||((i==j)&&(j==k)))
      {m=i*100+j*10+k;
       printf("%d/%d",m,999-m);
       n++;
     }
 printf("\n具有这种特征的里程碑共有%d个.",n);
}
```

解法二:仔细分析题意,可得出如下结论:假设两个数字分别为a与b,则b=9-a;由排列组合原理可知,由a和b所能组成的三位数对如下:

aaa/bbb;aab/bba;aba/bab;abb/baa;

bbb/aaa;bba/aab;bab/aba;baa/abb.

其中,每一对数之和恒等于999(如:aab+bba=999),并且后四对数为前面四对数中每两个数的简单对调(如:aab/bba→bba/aab).由此,便可得出如下求解过程:

```
main()
{int i,j,k,n=0,a[4];
 for (i=0;i<5;i++)
 {j=9-i;
```

```
  a[0] = i * 111;
 a[1] = i * 110 + j;
 a[2] = i * 101 + j * 10;
 a[3] = 1 * 100 + j * 11;
 for (k = 0;k<4;k ++ )
  {printf(" %d: %d/ %d,", ++ n,a[k],999 - a[k]);
   printf(" %d: %d/ %d,", ++ n,999 - a[k],a[k]);
  }
 }
 printf("\n具有这种特征的里程碑共有 %d 个",n);
}
```

==

1.5　一个四位数，其千位、百位、十位数字依次组成等差数列，百位上的数字是个位、千位数字的等比中项，把该四位数的数字反序所得数与原数的和为11110。求原四位数。　　　　　　　　　　　　　　　　　　　　　（答案:2468或5555。）

分析:设该四位数为abcd，则由"其千位、百位、十位数字依次组成等差数列"可得(其中x为等差系数):

b＝a＋x　　　　　　　(1)

c＝a＋2 * x　　　　　(2)

再由"百位上的数字是个位、千位数字的等比中项"可得:

a * d＝b * b　　　　　(3)

由(1)、(3)可得:

a * d＝(a＋x) * (a＋x)　　(4)

```
main()
{int i,j;
 clrscr();
  printf("原四位数为:");
  for (i = 0;i< = 9;i ++ )
 for (j = (i - 9)/3;j< = (9 - i)/3;j ++ )
    if (((i + j) * (i + j) = = i * (i + 3 * j))&&((2 * i + 3 * j) * (1000 + 100 + 10 +
1) = = 11110))
       printf(" %d ",(i * 1000 + (i + j) * 100 + (i + 2 * j) * 10 + (i + 3 * j)));
}
```

==

1.6　一位学生说"我的岁数的三次方是个四位数，四次方是个六位数。要组成我岁数的三次方和四次方，需要用遍 0～9 十个数字。"请问他多少岁？

解法一：该解法先分解出岁数的三次方和四次方的每一位，然后再判断这些数字是否重复。

```
main()
{int i,j,k,a[10];
long k3,k4;
for (k = 10; k<40; k ++ )
{ k3 = k * k * k;
  k4 = k3 * k;
  if (k3/1000>0 && k3/1000<10 && k4/100000>0 && k4/100000<10 )
  { a[0] = k3/1000;
    a[1] = k3/100 - a[0] * 10;
    a[2] = k3/10 - a[0] * 100 - a[1] * 10;
    a[3] = k3 % 10;
    a[4] = k4/100000;
    a[5] = k4/10000 - a[4] * 10;
    a[6] = k4/1000 - a[4] * 100 - a[5] * 10;
    a[7] = k4/100 - a[4] * 1000 - a[5] * 100 - a[6] * 10;
    a[8] = k4/10 - a[4] * 10000 - a[5] * 1000 - a[6] * 100 - a[7] * 10;
    a[9] = k4 % 10;
    for(i = 0; i<10 - 1; i ++ )
      for(j = i + 1;j<10; j ++ )
  { if (a[i] == a[j])
    break;
  }
    if (i == 9 && j == 10)
    { printf("岁数为: % d\n",k);
  break;
        }
    }
  }
}
```

解法二：该解法与解法一比起来在判断数字是否重复方面有其独特之处，其在判断函数中用一数组 a[10]来分别表示是否出现该数组下标所对应的数字，例如：若 a[0]=1 表示零的个数为零，若 a[0]=0，表示此前已出现过数字 0。

```
int check(long a1,long a2)
{int i,j,a[10];
for (i=0;i<=9;i++)
  a[i]=1;
for (i=0;i<=3;i++,a1/=10)
  if (a[a1%10]) a[a1%10]=0;/*判断当前最后一位是否已出现过,若没有,则
                            将其清零*/
    else return(0);         /*若a[a1%10]!=0,表示该数字已重复,返回0*/
for (i=0;i<=5;i++,a2/=10)
  if (a[a2%10]) a[a2%10]=0;
    else return(0);
  return (1);
}
main()
{int i,k;
  long k3,k4;
  for (k=10; k<40; k++)
   { k3=k*k*k;
     k4=k3*k;
     if (k3/1000>0 && k3/1000<10 && k4/100000>0 && k4/100000<10 )
   if (check(k3,k4))
     { printf("岁数为:%d\n",k);
       getch();
       exit(0);
     }
   }
}
```

==

1.7　某女士手里拎了一篮鸡蛋,从她身边奔跑而过一匹惊马,吓了她一跳,结果把篮里的鸡蛋,她说两个一数,三个一数,四个一数,五个一数时,余数分别为1,2,3和4。问篮里原有多少个鸡蛋?　　(答案:59个)

分析:解决这类问题的要点就是找到一个最大的数作为步长,以减少其循环次数,该例题的最大数为5,故应以5为步长。

```
main()
{int i;
```

```
 for (i = 9;;i += 5)
   if ((i % 5 == 4)&&(i % 4 == 3)&&(i % 3 == 2)&&(i % 2 == 1))
     {printf("篮里原有 % 4d 个鸡蛋.",i);
       exit(0);
     }
}
```

==

1.8　新年晚会老师给大家分糖，手端着一盘糖，让第一个同学先拿 1 块糖，再把盘中的糖分 1/7 给他；然后让第二个同学拿 2 块糖，再把盘中的糖的 1/7 给他；第三个同学拿 3 块糖后，仍把盘中的糖的 1/7 给他。照这个办法分下去，最后一个同学自己拿完糖后，糖恰好分完，而且每个人分到的糖块数相同。问共有几人？每人分几块糖？

分析：由“最后一个同学自己拿完糖后，糖恰好分完”以及前面的条件可知，最后一个同学所拿的糖的数量刚好等于人数。再根据其他条件可知，第 i 个同学所拿的糖的数量为所剩下糖的 1/6 加上 i，并且每个同学所拿的糖的数量必为整数，即可得出如下求解过程：

```
main()
{int t = 0,m,n,i,j;
for (m = 6;! t;m += 6)
{t = 1;n = m;                  /* n 为最后一个同学所拿到的糖的数量(即人
                                  数),t = 1 假设当前 n 满足条件 */
for (i = m - 1;(i> = 1)&&t;i -- )
  {j = n/6 + i;                /* 第 i 个同学分到的糖的数量 */
n = n/6 * 7 + i;               /* 第 i 个同学分到糖之前所剩的糖的数量 */
if (j!= m) t = 0;              /* 每个人分到的糖块数相同。不满足就退出
                                  模拟过程对人数重新取值 */
     }
   }
  printf (" % 6d % 6d\n",m - 6,m - 6);
  }
```

==

1.9　两衣袋中装满了一角与二角五分的菜票，但还不到 20 元，左右两个衣袋中的钱数相等。左口袋中每种菜票的数目相同，而右口袋中每种菜票的钱数相等，你能算出两口袋中各菜票的数目吗？

(答案：左：10 * 20＋25 * 20＝700；右：10 * 35＋25 * 14＝700)

分析：设左口袋中每种菜票的数量都为 x；右口袋中每种菜票的钱数都为 y，一角菜

票的张数为m，二角五分菜票的张数为n；则可得出如下方程：

10＊x＋25＋x＝2＊y　　　　(1)

10＊m＋25＊n＝2＊y　　　　(2)

10＊m＝25＊n　　　　　　(3)

由(3)式可得：n＝m＊2/5　　(4)

由(1)(2)(3)式可得：x＝m＊20/35 (5)

根据(4)、(5)两式可得如下求解过程：

```
main()
{int i;
for (i = 5;i< = 50;i += 5)
if (i * 10 * 2 % 35 == 0)
printf(" %4d %4d %4d",i * 20/35,i,i/5 * 2);
getch();
}
```

==

1.10　有10箱苹果，编号从1＃…10＃，分别装有1,2,4,8,16,32,64,128,256和512个苹果。要取苹果若干(1 000以内任意自然数)，而不打开箱子，应该取哪几箱呢？

分析：由题意可知，箱的编号m与箱中苹果个数n存在如下对应关系：m等于2的n－1次幂。

根据十进制数与二进制数之间互相转化的原理可得出如下求解过程：

```
main()
 {int a[10],i,sum;
  a[0] = 1;
  for (i = 1;i<10;i ++ )   a[i] = a[i - 1] * 2;
  /* 初始化每个箱所装的苹果数(相当于每个二进制位所对应的十进制数) */
  printf("请输入所要拿的苹果数:");
  scanf(" %d",&sum);
  for (i = 9;(i> = 0)&&(sum!= 0);i -- )
  if (sum> = a[i])
  {printf(" %d# ",i + 1);
    sum = sum - a[i];
    }
}
```

==

1.11　有M个人围成一圈，每人指定一个号码(1,2,3…)，从第一个人数起，数到N时这个人就从圈里出来，再继续数1,2,3,…,N，数到第N个又出来。凡从圈里出来的人的位置就不再数,直到只剩一个人为止。请指出从圈里出来的人的次序。

如,输入:10　4

则屏幕上输出:

4　8　2　7　3　10　9　1　6　5

分析:这类问题通常解法是利用循环链表的原理对数到 N 的结点进行删除(对于结点总数不太多的情况往往利用数组来实现)。这里虽然也是利用数组来实现,但是,它不是通过删除结点,而是通过对选中的结点置 0 从而避免了对数组的频繁移动操作。其实现原理如下:

1. 数组初始化。数组下标相当于每个人对应的号码,数组单元值非零即表示该人还在圈中.因为并没有删除空的结点,也即虽然人出圈了,但该位置还留着。

2. 对圈中的人实行 M 次筛选,筛选的过程如下:

(1) 报数:圈中的人顺序从 1 到 N 报数;

(2) 即报数为 N 的人退出圈外,该位置置空;并输出该位置;

(3) 当前所报的数置 1,出圈次数 j 加 1;

(4) 若出圈次数 j≥M 则回到(1),否则程序结束。

对应的程序如下:

```
main()
{int aa[255];
  int i,j,k = 1,m,n;
  printf("please.....m n\n  ");
  scanf("%d%d",&m,&n);
  for (i = 0;i<m;i++) aa[i] = i + 1;/*记下每个人的相应位置*/
 for (i = 0,j = 1;j< = m;)            /*m 次筛选*/
  { while (k< = n)                    /*1 到 n 报数*/
  { i = (i + 1) % m;                  /*位置下移一个*/
 if (aa[i]!= 0)  k++ ;                /*若当前位置有人则所报的数加 1*/
  }
 if (aa[i] == 1) aa[i] = m + 1;       /*避免所输出的最大位置变成 0*/
 printf("%6d",aa[i] - 1);             /*输出刚出圈的人的位置*/
 aa[i] = 0;                           /*该位置置空*/
 k = 1;
 j++ ;                                /*当前所报的数置 1,出圈次数 j 加 1*/
 }
}
```

==

1.12　若干求婚者排成一行，一二报数，报单数的退场。余下的人靠拢后再一二报数，报单数的退场，最后剩下的一位就可以娶公主为妻。若现在你站出来数一下，共有101人在你前面，你应站到哪一个位置才能娶到公主呢？　　　　（答案：第64个位置。）

```
main()
{int aa[103],total = 102,i,j,m,n;
 for (i = 1;i< = 102;i ++ ) aa[i] = i;/ * 初始化(记下每个人的最初位置) * /
 do { n = 1;
      for (i = 2;i< = total;i += 2)  / * 一轮报数 * /
      aa[n ++ ] = aa[i];             / * 重新排队 * /
      total/ = 2;                    / * 每轮余下人数减少一半 * /
    } while (total>1);               / * 剩下的最后一个人即能娶到公主 * /
  printf(" % d",aa[1]);              / * 输出娶到公主的人的最初位置 * /
 }
```

==

1.13　递增的牛群：若一头小母牛，从第四年开始每年生一头母牛，按此规则，N年以后将有多少头牛？

分析：对该问题首先可用枚举法列出前几年的结果：

第一年：1　　第二年：1　　第三年：1

第四年：2　　第五年：3　　第六年：4

第七年：6　　第八年：9　　第九年：13

第十年：19……

从以上数据可以看出：从第四年开始，每年的数据都是前一年的数据与前三年的数据之和。这样，就不难得出问题的解决方案。

解法一：该解法利用f3,f2,f1,f这几个变量来保存前一、二、三年以及本年的牛的数量。

```
main()
{int i,year,f,f1,f2,f3;
 printf("请输入年份:");
 scanf(" % d",&year);
for(i = 1;i< = year;i ++ )
 { if(i<4)
       f = f1 = f2 = f3 = 1;
 else
     { f = f1 + f3;
       f1 = f2;
```

```
        f2 = f3;
        f3 = f;
      }
    printf("第 %d 年有 %d 头牛.\n",i,f);
  }
}
```

解法二：该解法利用一个数组来实现循环队列的功能。其中变量 i 相当于队列指针，把它与队列结点取模之后，随着 i 值的递增就能实现循环地遍历数组的功能。

```
main()
{int i,year,f[4] = {1,1,1,1};
 printf("请输入年份:");
 scanf("%d",&year);
 for(i = 1;(i<= year)&&(i<4);i ++)
   printf("第 %d 年有 %d 头牛.\n",i,f[i]);
 for(i = 4;i<= year;i ++)
  { f[(i + 3) % 4] = f[i % 4] + f[(i + 2) % 4];
    printf("第 %d 年有 %d 头牛.\n",i,f[(i + 3) % 4]);
   }
}
```

第二章　图形输出

2.1　在屏幕上输出一个n阶方阵(1≤n≤20)的右旋方阵，方阵的元素由1..n^2组成，排列由外向内，顺时针方向旋转。如下是4阶左旋方阵：

1	2	3	4
12	13	14	5
11	16	15	6
10	9	8	7

分析:用t的值来表示当前方阵的旋转方向,根据t的值进行不同的运算。

```
main()
{int t=0,n,i,j,k,l1,l0,c1,c0;
 int aa[20][20];
 printf("请输入n阶方阵的阶数n:");
 scanf("%d",&n);
 i=l0=0,l1=n-1,j=c0=0,c1=n-1;/*l0,l1分别表示左右边界,c0,c1分别表示上下边界*/
 k=1;
 for(k=1;k<=n*n;k++)
  {aa[i][j]=k;
   switch(t)
    {case 0:        /*t=0表示方阵的旋转方向为从左到右*/
      j++;
      if (j>c1)     /*判断是否已超出右边界*/
       {j--;i++;t++;l0++;}/*改变行列及t和左边界的值*/
        break;
     case 1:        /*t=1表示方阵的旋转方向为从上到下*/
      i++;
      if (i>l1)     /*判断是否已超出下边界*/
       {i--;j--;t++;c1--;}
```

```
        break;
       case 2:        /*t=2表示方阵的旋转方向为从右到左*/
        j--;
        if (j<c0)  /*判断是否已超出左边界*/
{j++;i--;t++;l1--;}
        break;
       case 3:        /*t=3表示方阵的旋转方向为从下到上*/
        i--;
        if (i<l0)  /*判断是否已超出上边界*/
{i++;j++;t=0;c0++;}
break;
     }
  }
 printf("所得的方阵是:\n");
 for(i=0;i<n;i++)
  {for (j=0;j<n;j++)
   printf("%5d",aa[i][j]);
   printf("\n");
  }
 getch();
}
```

==

2.2　键盘输入正整数 n（1≤n≤20），打印 n×n 阶右手旋转方阵。

例如，若 n=4 则输出：

```
1  12  11  10
2  13  16   9
3  14  15   8
4   5   6   7
```

若 n=5 则输出：

```
1  16  15  14  13
2  17  24  23  12
3  18  25  22  11
4  19  20  21  10
5   6   7   8   9
```

分析：本例题的关键在于控制该矩阵的旋转方向，下面的解法是用变量

row与当前行列值i,j来控制其旋转方向。

1. row=1且j<n/2,其旋转方向为从上到下。

2. row=0且i<n/2,其旋转方向为从左到右。

3. row=1且i>n/2,其旋转方向为从下到上。

4. row=0且j>n/2,其旋转方向为从右到左。

```
int a[20][20];/*将数组a作为全局变量,可初始化数组a,将其元素清零*/
main()
  {int i,j,k;
   int n,row = 1;
   i = 0;
   j = 0;
   printf("Please input n:");
   scanf("%d",&n);
   for (k = 1; k< = n*n; k++)
   {a[i][j] = k;
    if (row)
     {if(j<n/2) /*n/2为边界值 */
      {i++;
        if (i> = n || a[i][j]) /*判断当前行是否已越界或a[i][j]是否已赋值*/
{i--;
  row = 0; /*改变旋转方向为横向*/
  j++;
 }
        }
         else
          {i--;
  if (i<0 || a[i][j]) /*判断当前行是否已越上界或a[i][j]是否已赋值*/
   {i++;
     row = 0;
     j--;
   }
          }
        }
        else
         {if (i<n/2)
```

```
        {j--;
   if (j<0 || a[i][j])
    {j++;
     row=1;
     i++;
    }
        }
         else
          {j++;
     if (j>=n || a[i][j])
      {j--;
       row=1;
       i--;
      }
          }
       }
     }
     for (i=0;i<n;i++)
       {for (j=0; j<n; j++)
        printf(" %3d",a[i][j]);
       printf("\n");
      }
   }
```

==

2.3　输入行列的值,打印出左手旋转矩阵。

例如,输入 4 3 ,则输出:

```
 1  2  3
10 11  4
 9 12  5
 8  7  6
```

解法 1:

```
main()
{int m,n,c1,c2,l1,l2,a,b,i,t=1;
 static aa[21][21];
 printf("请输入矩阵的行数与列数:");
```

```
scanf("%d%d",&m,&n);
a=b=1; c1=l1=1; c2=n; l2=m;
for (i=1;i<=m*n;i++)
{aa[a][b]=i;
 if ((a==l1)&&(t==1))
 {if (b==c2) {a++;l1++;t=2;}
   else b++;
   continue;
 }
 if ((b==c2)&&(t==2))
  {if (a==l2) {b--;c2--;t=3;}
    else a++;
   continue;
  }
 if ((a==l2)&&(t==3))
  {if (b==c1) {a--;l2--;t=4;}
    else b--;
    continue;
  }
 if ((b==c1)&&(t==4))
  if (a==l1) {b++;c1++;t=1;}
   else a--;
}
printf("所得的螺旋矩阵是:\n");
for (a=1;a<=m;a++)
{for (b=1;b<=n;b++)
 printf("%4d",aa[a][b]);
 printf("\n");
}
getch();
}
```

解法2:

```
main()
{int m,n,c1,c2,l1,l2,a,b,i,t=0;
 static aa[21][21];
```

```
 printf("请输入矩阵的行数与列数:");
 scanf("%d%d",&m,&n);
 a=b=i=1;
 c1=l1=1; c2=n; l2=m;
 while (++t<=(m+1)/2&&t<=(n+1)/2)
 {
  while (b<=c2)  aa[a][b++]=i++;
  l1++; b--;
  while (a<l2) aa[++a][b]=i++;
  c2--;
  while (b>c1&&l1<=l2) aa[a][--b]=i++;
  l2--;
  while (a>l1&&c1<=c2) aa[--a][b]=i++;
  b++;c1++;
 }
 printf("所得的螺旋矩阵是:\n");
 for (a=1;a<=m;a++)
  {for (b=1;b<=n;b++)
   printf("%7d",aa[a][b]);
   printf("\n");}
 getch();
}
```

解法3:

```
main()
{int m,n,c1,c2,l1,l2,a,b,i,t=1;
 static aa[21][21];
 printf("请输入矩阵的行数与列数:");
 scanf("%d%d",&m,&n);
 a=b=1; c1=l1=1; c2=n; l2=m;
 for (i=1;i<=m*n;i++)
 {aa[a][b]=i;
  switch(t)
  {case 1:
     if (b==c2) {a++;l1++;t=2;}
      else b++; break;
```

```
    case 2:
      if (a == l2) {b --;c2 --;t = 3;}
       else a ++;break;
    case 3:
      if (b == c1) {a --;l2 --;t = 4;}
       else b --;break;
    case 4:
      if (a == l1) {b ++;c1 ++;t = 1;}
       else a --;
   }
  }
  printf("所得的螺旋矩阵是:\n");
  for (a = 1;a< = m;a ++)
   {for (b = 1;b< = n;b ++)
    printf(" %7d",aa[a][b]);
    printf("\n");
   }
  getch();
}
```

==

2.4　打印蛇阵。如键盘输入 4 5,则屏幕上输出如下矩阵:

```
1   2   3   4   5
10  9   8   7   6
11  12  13  14  15
20  19  18  17  16
```

再定义一个函数,把该矩阵存入文件"shezhen. f1",然后再从该文件读出该矩阵并把它输出到屏幕上。

```
  #include "stdio.h"
  #define s4 fread
  #define s3 fwrite
  #define FIL1 "shezhen.f1"
  #define FIL2 "shezhen.f2"
  int aa[21][21];
  int m,n,a,b;
void prin()
```

```
{for (a=1;a<=m;a++)
  {for (b=1;b<=n;b++)
     printf("%4d",aa[a][b]);
    printf("\n");
  }
 }

void proc1(s1,s2,k)
char *s1,*s2;
int k;
{FILE *fp;
 if ((fp=fopen(s1,s2))==NULL)
   { printf("Can't open file!");
     return;
   }
 for (a=1;a<=m;a++)
   for (b=1;b<=n;b++)
      if (((k==3)? s3:s4)(&aa[a][b],2,1,fp)!=1)
{ printf ("file proc error! \n");
  return;
        }
 fclose(fp);
}

main()
{int i;
 clrscr();
 printf("请输入矩阵的行数与列数:");
 scanf("%d%d",&m,&n);
 b=1;  i=1;
 for (a=1;a<=m;a++)
   if (b==1)       /*从左往右填入数据*/
    while (b<=n) aa[a][b++]=i++;
    else
      while (b>1) aa[a][--b]=i++;
```

```
  printf("所得的矩阵是:\n");
  proc1(FIL1,"wb",3);
  proc1(FIL1,"rb",4);
  prin();
  getch();
 }
```

==

2.5　输入 M、N,显示数字排列,并存入文件 Talk1. dat。如输入 4、6:

```
1  3   6  10  14  18
2  5   9  13  17  21
4  8  12  16  20  23
7 11  15  19  22  24
```

另编函数 prin(),将 Talk1. dat 显示到屏幕上。

```
#include "stdio.h"
#include "stdlib.h"
void prin();
main()
{int m,n,c1,l1,a,b,i,j;
 static aa[21][21];
 FILE *fp;
 clrscr();
 printf("请输入矩阵的行\列:");
 scanf("%d%d",&m,&n);
 if ((fp=fopen("talk1.dat","w"))==NULL)
  { printf("File open error!");
    exit(1);
  }
 a=b=l1=c1=1;
 /*a、b为当前行列号,l1保存目前最大行号,c1为目前的起始列号。
  如执行到如下时,则 a=2,b=2,l1=3,c1=1。
    1  3
    2  5
    4  */
 for (i=1;i<=m*n;i++)
  { aa[a][b]=i;                    /*i保存当前行列[a,b]位置上的内容*/
```

```
    if ((--a<1)||(++b>n))
    /* 同一对角线上行号递减,列号递增。当行号小于一时,如果目前最大行号 l1 小于
    m,则 l1 值递增,否则起始列号 c1 值递增。*/
     { if(l1<m)
       { l1++;  b=c1;}
  else b= ++c1;
  a=l1;
}
   }
 for (a=1;a<=m;a++)                  /*往文件打印结果*/
  { for (b=1;b<=n;b++)
fprintf(fp,"%4d",aa[a][b]);
      fprintf(fp,"\n");
   }
  fclose(fp);
  prin();                            /*往屏幕上输出文件*/
  getch();
  }

  void prin()
  {char ch='j';
  FILE *fp;
  fp=fopen("talk1.dat","rb");
  while (ch!=EOF)
    {ch=fgetc(fp);
     putch(ch);
    }
  fclose(fp);
  }
```

==

2.6 打印“魔方阵”。所谓“魔方阵”是指这样的方阵,它的每一行、每一列以及对角线之和均相等。例如,三阶魔方阵为:

```
8 1 6
3 5 7
4 9 2
```

要求打印由 1 到 n * n 的奇数构成的魔方阵。

分析：魔方阵中各数的排列规律如下：

(1) 将"1"放在第一行中间一列；

(2) 从"2"开始直到 n * n 止各数依次按下列规则存放：每一个数存放的行比前一个数的行数减 1，列数加 1；

(3) 如果上一数的行数为 1，则下一数的列数为 n(指最下一行)；

(4) 当上一个数的列数为 n 时，下一个数的列数应为 1，行数减 1；

(5) 如果按上面规则确定的位置上已有数，或上一个数是第一行第 n 列时，则把下一个数放在上一个数的下面。

```
main()
{int n,i,j,k;
 static  aa[21][21];
 printf("请输入魔方的阶数:");
 scanf("%d",&n);
 i=1; j=n/2+1;
 aa[i][j]=1;
 for (k=2;k<=n*n;k++)
  {if ((aa[--i][++j]!=0)||(i==0)&&(j==n+1)) {j--;i+=2;}
    else
     {if (j==n+1) j=1;
      if (i==0) i=n;
      }
     aa[i][j]=k;
    }
 for (i=1;i<=n;i++)
  {for (j=1;j<=n;j++)
    printf("%4d",aa[i][j]);
    printf("\n");
  }
 getch();
}
```

==

2.7 编程实现如下的格式输出：

若通过键盘输入 5，则屏幕输出

```
1 2 4 7 9   17  6
  3 5 8      8  8
    6        0  6
```

若通过键盘输入 7,则屏幕输出

```
1 2 4 7 1 4 6   9   16
  3 5 8 2 5    13   10
    6 9 3      12    6
      0         0    0
```

说明：

1. 由键盘输入的数为小于 15 的某一奇数。

2. 上述输出项中每行的最后两行的数,分别为相应行中奇数与偶数的和。

分析:对于这类问题,通常是用一个二维数组来保存倒三角图形,在输出三角图形的过程中再计算并输出奇数与偶数之和。该题中巧妙地利用几个变量实现了所应实现的所有功能。首先,让我们来分析一下输入的数字 N 与所要输出的图形所存在的规律：

(1) 输出的行数:L=(N+1)/2;

(2) 每行所要输出的列数:COL[i]=N-(i-1)*2;(i 为当前行号);

(3) 第 i(i>1)行中的第一个数等于前一行的第一个数加上当前的行号：

VAL[i][1]=(VAL[i-1][1]+i)%10　　　　(a)

再根据:VAL[1][1]=1 可得：

VAL[i][1]=(i*(i+1)/2)%10;　　　　(b)

(4) 第 i 行第 j(j>1)列的数据与第 i 行第 j-1 列的数据之间存在如下关系：

if (j<=N/2-i+2)

VAL[i][j]=(VAL[i][j-1]+i+j-2)%10　　　　(c)

　　　　=(i+(i+j-1)*(i+j-2)/2)%10;　　(d)

else

VAL[i][j]=(VAL[i][j-1]+N-j-i+3)%10;　(e)

其实现过程如下：

解法一:该解法利用了以上规律中的(1)、(2)以及(a)、(c)、(e)。

```
main()
{int i,j,k,x,t,a,b,m,n;
 printf("Please enter N:");
 scanf("%d",&n);
 t=1;
```

```
for (i=1;i<=n/2+1;i++)
  { m=i;
    a=0; b=0;
    x=i*(i+1)/2;
    for (j=1;j<=(i-1)*2;j++) printf(" ");
    for (j=1;j<=n-(i-1)*2;j++)
      { if (j<=n/2-i+2)  x=(x+i+j-2)%10;
 else x=(x+n-j-i+3)%10;
printf("%2d",x);
        if ((x%2)==0) b+=x;
         else a+=x;
      }
    for (j=1;j<=(i-1)*2;j++) printf(" ");
printf("%10d%10d\n",a,b);
  }
getch();
}
```

解法二:该解法利用了以上规律中的(1)、(2)以及(d)、(e)。

```
main()
{int i,j,x,a,b,n;
 printf("Please enter N:");
 scanf("%d",&n);
 for (i=1;i<=n/2+1;i++)
  { a=0; b=0;
    for (j=1;j<=(i-1)*2;j++) printf(" ");
    for (j=1;j<=n-(i-1)*2;j++)
     { if (j<=n/2-i+2)  x=(i+(i+j-1)*(i+j-2)/2)%10;
 else x=(x+n-i-j+3)%10;
printf("%2d",x);
        if ((x%2)==0) b+=x;
 else a+=x;
        }
        for (j=1;j<=(i-1)*2;j++) printf(" ");
        printf("%10d%10d\n",a,b);
```

```
  }
 getch();
}
```

==

2.8　编一程序:要求输入一正整数,打印出杨辉三角,如输入5,则输出:

```
        1
      1   1
    1   2   1
  1   3   3   1
1   4   6   4   1
```

分析:可用一数组来完成,仔细观察,可将该三角看成如下图形:

```
1
1 1
1 2 1
1 3 3 1
1 4 6 4 1
```

仔细观察该图形,可知该数组的第一列与对角线上的元素均为1,从第三行到第n行的aa[i][j]=aa[i-1][j-1]+aa[i-1][j]。

```
#include"stdio.h"
main()
{FILE *fp;
 int i,j,n;
 static aa[21][40];  /*0行0列不用*/
 clrscr();
 if((fp=fopen("c:\\tc\\text.txt","w+"))==NULL)
  {printf("打开文件错误!");
   exit(0);
  }
   printf("请输入打印的行数:");
 scanf("%d",&n);
 aa[1][1]=1;
 for (i=2;i<=n;i++)      /*给第一列和对角线上的元素赋1*/
  aa[i][1]=aa[i][i]=1;
 for (i=1;i<=n;i++)    /*按要求的格式打印输出*/
```

```
   {for (j = 20;j> = i;j -- )
     {printf(" ");
      fprintf(fp," ");
     }
    for (j = 1;j< = i;j ++ )
     {printf(" % 4d",aa[i][j]);
      fprintf(fp," % 4d",aa[i][j]);
     }
    printf("\n");
    fprintf(fp,"\n");
   }
  getch();
}
```

2.9 打印字母矩形。如键盘输入 D,则往屏幕上输出如下矩形：

```
      A
    B B B
  C C C C C
D D D D D D D
  C C C C C
    B B B
      A
```

解法 1：

```
main()
{char ch1,ch,ch2;
 int i,j,k = 1;
 clrscr();
 scanf(" % c",&ch);
 if (ch> = 'a') ch = ch - 'a' + 'A';
 j = (ch - 'A') * 2;
 for(ch1 = 'A';ch1< = ch;ch1 ++ )
   {for(i = 1;i< = j;i ++ ) printf(" ");
    for(i = 1;i< = k;i ++ ) printf(" % 2c",ch1);
    j -= 2; k += 2;
    printf("\n");
```

```
    }
  ch2 = ch;
  for(ch1 = ch - 1;ch1> = 'A';ch1 -- )
   {for(i = ch1;i<ch;i ++ ) printf("  ");
    for(i = 'A' * 2;i<(ch2) * 2 - 1;i ++ ) printf(" %2c",ch1);
    ch2 -= 1;
    printf("\n");
   }
  getch();
}
```

解法 2：

```
#include "math.h"
#include "stdio.h"
#define  ff "temp.1"
main()
{FILE * fp;
 int i,j,k = 0;
 char m;
 clrscr();
 while (k == 0)        /* 检测输入的是否是字母 */
  { printf("请输入任一字母:");
    scanf(" %c",&m);
    if ((m> = 'a')&&(m< = 'z'))
{ m = m - 32;
          k = 1;
        }
      else if ((m> = 'Z')||(m< = 'A'))
    printf("\n 输入出错,请重输!");
 else k = 1;
  }
   if ((fp = fopen(ff,"wb")) == NULL)
     { printf ("不能打开文件! \n");
       exit(0);
     }
```

```
    m = m - 'A';
    for (i = 0;i<= 2 * m;i ++ )
      { for (j = 35;j>= 2 * (m - fabs(m - i));j -- )   /* 使图形打印在中间 */
        fprintf(fp," ");
        for(j = 0;j<= 2 * (m - fabs(m - i));j ++ )
          fprintf(fp," %c ",'A' + (i<= m? i:2 * m - i));
        fprintf(fp,"\n");
      }
    fclose(fp);
  if ((fp = fopen(ff,"rb")) == NULL)
    { printf ("不能打开文件! \n");
      exit(0);
    }
  while (! feof(fp)) putchar(fgetc(fp));
  fclose(fp);
  getch();
}
```

第三章　数据处理

3.1　编写一个程序，求出100之内所有勾股数。

分析：可设置I为一斜边(0≤i<100)，j，m为直角边(j，k<i)，用两重循环求出反有满足条件的i，j值时m的值，并对m进行判断，判断m是否是一个小于斜边i的完全平方数。若满足该条件，则记数变量n加1。

```
#include <math.h>
main()
{int i,j,k,m,n=1;
  clrscr();
  for (i=1;i<100;i++)
    for (j=1;j<i;j++)
      {m=sqrt(i*i-j*j);
       if ((m*m==i*i-j*j)&&(m<=j))
      printf("%d %d %d %d\n",n++,i,j,m);
    }
}
```

==

3.2　打印输出前一百个素数。　　　　　　　　　　　　　　　　(答案：2…541)

分析：本题可用一变量m来统计已求的素数个数，求素数的方法是：判断所求的数是否被所有的小等于该数的开方的数整除，则所求的数不是素数。

```
#include <math.h>
main()
{int i,j,t,m=2;
 printf("2,3,");
 for (i=5;m<=100;i+=2)
  { t=0;
    for (j=sqrt(i);(j>2)&&(t==0);j--)
      if (i%j==0) t=1;
```

```
    if (t==0) {printf("%d,",i);m++;}
  }
}
```

==

3.3 求出10 000以内的亲密数。亲密数:如果A的因子和为B,B的因子和为A,则A与B为亲密数。正整整A的因子:能整除A的所有正整数(除A本身),12的因子为:1,2,3,4,5,6. (答案:200 284,284 220,1184 1210 1184,2620 2924,2924 2620,5020 5564,5564 5020,6232 6368,6368 6232)

分析:本题用一函数来计算所求数的因子和,可降低其复杂度。

```
fsum(int a)
{int i,sum=1;
  for (i=2; i<=a/2; i++)
   if(a%i==0) sum+=i;
  return sum;
}
main()
{int a,b,c;
  for (a=1;a<=10000;a++)
  { b=fsum(a);
    c=fsum(b);
    if ( a==c && b!=a)
    printf("%8d,%8d\n",a,b);
  }
}
```

==

3.4 有三个非零数,用它们可能组合的所有三位数之和是2 886,若把三个数字自大到小排和自小到大排成三位数,差为495。求三数字。 (答案:7,4,2。)

分析:设三数字为X,Y,Z且X<Y<Z,由已知条件可列出二个方程:

$200(X+Y+Z)+20(X+Y+Z)+2(X+Y+Z)=2886$ 即 $X+Y+Z=13$ (1)

$100(Z-X)+(X-Z)=495$ 即 $Z-X=5$ (2)

```
main()
{int i,j,k;
  for (i=1;i<=9;i++)
    for (j=i;j<=8;j++)
      { k=13-i-j;
```

```
    if ((k> = j)&&(k - i == 5))
      printf(" %d %d %d",i,j,k);
       }
}
```

==

3.5　将一个整数写成两个整数的平方和，如 5＝1 * 1＋2 * 2。求 25＝?，85＝? 编程：随机输入几个二位数，看是否能找出符合要求的解。

分析：本题可设置初始值为 sqrt(n－1)，终为 sqrt(n/2)，因为满足条件的表达式两个整数是可交换的，如 5＝1 * 1＋2 * 2 与 5＝2 * 2＋1 * 1 是相同的，故只需搜索至 sqrt(n/2)，用 i * I 表示其中的一个完全平方数，则另一个数为 n－i * I，然后判断其是否是完全平方数，若是，将标志位置 1，并退出循环。

```
#include <math.h>
main()
{int i,t = 0,n,m;
scanf(" %d",&n);
for (i = sqrt(n - 1);i> = sqrt(n/2);i -- )
  if ((i * i + (sqrt(n - i * i)) * (sqrt(n - i * i)) == n))
    {m = sqrt(n - i * i);
     printf(" %d = %d* %d+ %d* %d",n,i,i,m,m);
     t = 1;break;}
  if (t == 0) printf("none!");
}
```

==

3.6　编程验证"四方定理"：任意一个自然数都能由四个数的平方和来表示。

分析：这类问题最主要的是考虑循环变量的起始与终止取值。这个程序中使用了四个循环，其实只需三个循环就能解决这个问题，大家不妨试一试。

```
#include "math.h"
#include "stdlib.h"
void check();
main()
{int n;
  clrscr();
  scanf(" %d",&n);
  /* 对于次类验证性的问题，最好使用随机抽取 N 个数并对之进行验证的方法.若
  有某个值使该命题不成立，便可否决该命题. */
```

```
    check(n);
    getch();
  }
  void check(int i)
  {int aa[4];
    int t;
    t = i;
    for (aa[0] = sqrt(t);aa[0]> = sqrt(t/2);aa[0]--)
      { t -= aa[0] * aa[0];
        for (aa[1] = sqrt(t);aa[1]> = sqrt(t)/2;aa[1]--)
    { t -= aa[1] * aa[1];
      for (aa[2] = sqrt(t);aa[2]> = sqrt(t)/2;aa[2]++)
        { t -= aa[2] * aa[2];
          for (aa[3] = sqrt(t);aa[3]> = sqrt(t)/2;aa[3]++)
      if (aa[0] * aa[0] + aa[1] * aa[1] + aa[2] * aa[2] + aa[3] * aa[3] == i)
          { printf("%5d %5d %5d %5d",aa[0],aa[1],aa[2],aa[3]);
              getch();
              exit(0);
            }
          }
  }
      }
  printf("无解!");
  getch();
  }
```

==

3.7　输入任一自然数，将其按反序输出，并求其位数。例如，输入123456，则应输出：

反序＝54321　位数＝5。

```
main()
{int a,b,j;
 scanf ("%d",&a);
 j = 1;
 printf ("反序 =");
 while  ((a/10)!= 0)
```

```
    { b=a%10;  j=j+1;
      a=a/10;  printf("%d",b);}
  printf ("%d ",a);
  printf ("位数 = %d\n",j);
}
```

==

3.8　十进制转化为二进制。

分析：本题利用所有的数在机器中都用二进制表示的特点，用一屏蔽数 0x8000，即二进制数 1000000000000000，与输入的整数进行相与，即可求出未被屏蔽位的值，然后将屏蔽数右移，依次求出各位的值。

```
#include"stdio.h"
main()
{int i,num,bit,sum=0,b-1,j;
 unsigned mask=0x8000;
 clrscr();
 printf("please input a number:");
 scanf("%d",&num);
 printf("这个数用十进制表示:");
 for (i=0;i<16;i++)
   { bit=(mask&num)? 1:0;
     if (bit==1)
       { b=1;
   for (j=0;j<15-i;j++) b*=2;
   sum=sum+b;
       }
     mask=mask>>1;
   }
 printf("\n%d",sum);
}
```

==

3.9　十六进制转化成十进制。

算法一：

```
#include"math.h"
 main()
 {int a,b,i,s=0;
```

```
 unsigned mask = 0x8000;
 scanf(" %x",&a);
 for (i = 0;i<16;i++)
   { b = (mask&a)? 1:0;
     s += b * pow(2,15 - i);
     mask = mask>>1;
   }
 printf("\n %d",s);
 getch();
}
```

算法二：

```
#include"stdio.h"
#include"math.h"
main()
{int i,num,bit,sum = 0,j;
 unsigned mask = 0x8000;   /* 屏蔽位:0x8000 = 1000 0000 0000 0000 */
 clrscr();
 printf("please input a number:");
 scanf(" %d",&num);
 printf("这个数用十进制表示:");
 for (i = 0;i<16;i++)
   { bit = (mask&num)? 1:0;
     if (bit == 1)
       { b = 1;
   for (j = 0;j<15 - i;j++)
   b * = 2;
   sum = sum + b;
       }
     mas = mask>>1;        /* 屏蔽位右移一位 */
   }
 printf("\n %d",sum);
}
```

==

3.10　该程序能够把10进制数转化成1～16中的任意进制数。

分析：将根据输入的10进制数分成整数部分与小数部分进行处理，对整数部分采取除以进制数取余的方法，对小数部分采取乘以进制数取整的方法。

```
main()
{int i,j,k,z,m;
 double  x,y;
 static char a1[21],a2[11],
 bb[16]={'0','1','2','3','4','5','6','7','8','9','A','B','C','D','E','F'};
 clrscr();
 printf("请输入被转化数:");
 scanf("%lf",&x);
 printf("请输入所转换的进制数:");
 scanf("%d",&z);
 k=(int) x; y=x-k;
 for (i=1;k!=0;i++)
   { a1[i]=bb[k % z];
     k/=z; }
 a2[0]='.';
 for (j=1;j<=10;j++)
   { m=(int) (y*z);
     a2[j]=bb[m];
     y=y*z-m;}
 printf("jieguo:");
 for (i--;i>=1;i--) printf("%c",a1[i]);
 for (j=0;j<=10;j++) printf("%c",a2[j]);
}
```

==

3.11　1994是个偶数，它的各位数字之和为23。请打印出比1994小的所有这样的数。

运行结果：

698 788 878 896 968 986 1958 1688 1778 1796 1868 1886 1958 1976

14

分析：本题的关键是初始值的设置问题，因题目中要求和为23且是偶数，故可想到599的各位数和为23，但其为奇数，因此可将初始值设为600。

```
main()
{int i,j,k,m,n=0;
 for (i=600;i<1994;i+=2)
```

```
    { j = i; m = 0;
      while (j!= 0)
        { m = m + j % 10;
          j/ = 10;}
      if (m == 23)
        { n++;
          printf(" %6d",i);}
      }
  printf("\n %d\n",n);
  getch();
 }
```

==

3.12　王大娘要用100元钱买100头小牲畜，不多不少要求“双百”。若小牛每头10元，羊羔每只3元，小兔每只0.5元。请你替她算算应该怎样买？

（答案：牛、羊、兔数分别为0,20,80或多或少,1,94。）

分析：用变量i,j分别表示牛，羊的头数，则买牛需I * 10元，买羊需i * 3元，这时可算出剩下的钱以及剩下的钱所能买小兔的头数，根据三种小牲畜的总头数即可求得解。

```
main()
{int i,j,k,m;
 for (i = 0;i< = 10;i++)
   for (j = 0;j< = (100 - i * 10)/3;j++)
     if ((i + j + (100 - i * 10 - j * 3) * 2) == 100)
 printf(" %d %d %d\n",i,j,(100 - i * 10 - j * 3) * 2);
}
```

第四章　过程模拟

4.1　9个编号小球中有一个的质量偏小，其余的质量标准。用一天平，无须砝码，仅三次称量，检出质量偏小的小球。试编程实现。

解法一分析：可将9个小球分成3堆进行称量，具体分法如下：(0,1,2)为第一堆，(3,4,5)为第二堆，(6,7,8)为第三堆，先称第1,2堆，若两堆相等，则偏小的小球在第三堆中，若第一堆轻于第二堆，则偏小的小球在第一堆中，然后对偏轻的一堆进行进一步的称量。

```
#include "stdlib.h"
void proc1();
void proc2();
int aa[9];
main()
{int i,j;
 clrscr();
 randomize();
 j = random(100) + 1;   /* 随机产生小球的质量 */
 printf("\n");
 for (i = 0;i<9;i++) aa[i] = j;   /* 使所有的小球的质量相同 */
 aa[random(9)] = j - 1;   /* 随机抽出一个小球,使其质量偏小 */
 for (i = 0;i<9;i++) printf("%5d",aa[i]);
 printf("\n");
 proc1();
 getch();
 }
void proc1()
{int n1,n2;
 n1 = aa[0] + aa[1] + aa[2];   /* 称第0,1,2个小球的重量 */
 n2 = aa[3] + aa[4] + aa[5];   /* 称第3,4,5个小球的重量 */
```

```
 if (n1 == n2) proc2(6,7,8);
  else if (n1<n2) proc2(0,1,2);
 else proc2(3,4,5);
}
void proc2(int x,int y,int z)  /* 称量偏轻的一堆中的小球重量 */
{if (aa[x] == aa[y]) printf("%d\n",z + 1); /* 若两球重量一样,则偏轻的为
z */
  else if (aa[x]<aa[y]) printf("%d\n",x + 1);
 else printf("%d\n",y + 1);
}
```

解法二分析:先将小球分成(0,1,2,3)与(4,5,6,7)两堆进行称量,若两堆的质量的相等则偏小的小球是第8个,若第一堆轻于第二堆,则轻的小球在第一堆中,然后在将偏轻的小球分成两堆进行称量,按相同的方法进行判断。

```
#include "stdlib.h"
void proc();
int aa[9];
main()
{int i,j;
 clrscr();
 randomize();
 j = random(100) + 1;
 printf("\n");
 for (i = 0;i<9;i++) aa[i] = j;
 aa[random(9)] = j - 1;
 for (i = 0;i<9;i++) printf("%5d",aa[i]);
 printf("\n");
 proc();
 getch();
 }
void proc()
{int n1,n2;
 n1 = aa[0] + aa[1] + aa[2] + aa[3];
 n2 = aa[4] + aa[5] + aa[6] + aa[7];
 if (n1 == n2) printf("9\n");
   else if(n1<n2)
```

```
    {n1 = aa[0] + aa[1];
     n2 = aa[2] + aa[3];
     if (n1<n2)
       if (aa[0]<aa[1]) printf("1\n");
     else printf("2\n");
     else
       if (aa[2]<aa[3]) printf("3\n");
     else printf("4\n"); }
  else
    {n1 = aa[4] + aa[5];
     n2 = aa[6] + aa[7];
     if (n1<n2)
       if (aa[4]<aa[5]) printf("5\n");
     else printf("6\n");
     else
       if (aa[6]<aa[7]) printf("7\n");
     else printf("8\n");
     }
  }
```

4.2　国际象棋的棋盘为8×8共64个格子，在格子中放入8个皇后，使得任何一个不能吃掉其他的，即每行、每列及斜线上最多只有一个皇后。请给出所有的摆法。

注：本题为著名的高斯8皇后问题，共有92种摆法。

提示：两个皇后的行号之差的绝对值若不等于它们的列号之差的绝对值，则表明这两个皇后不在同一斜线上。

输出格式为：

摆法1：(1,1)　(2,5)　(3,8)　(4,6)　(5,3)　(6,7)　(7,2)　(8,4)

摆法2：(1,1)　…　(m,n)　…

……

其中，m表示行号，n表示列号。

算法一：放在第一行的称1号皇后，放在第二行的称2号皇后，…，放在第八行的称8号皇后。

1.先固定行，在该行上1～8列位置上任放一个皇后。从第一行放1号皇后开始。

2.当放下n号皇后时判定是否与已放皇后相吃(所有皇后的列号要求也不相同，两个皇后的行号之差的绝对值若不等于它们的列号之差的绝对值，则表明这两个皇后不在同一斜线上)。当放至某行时，若该行1～8个位置都不能安放皇后，则说明上一行放错，应到上一行重放。

```
int putnum = 0;
int b[9];
main()
{
  clrscr();
  put(1);
}
put(int i)  /* 表示第 i 行应放在第 b[i]列 */
{int j,k,canput;
  if (i<1) exit(0);
  if (i == 9) /* 若均放好,则输出。*/
  { putnum ++ ;
    printf("摆法 %2d:", putnum);
    for (j = 1; j<= 8; j ++ )
printf("  (%d, %d)", j, b[j]);
    printf("\n");
    put(i - 1);  /* 输出后,接着放第 8 行 */
  }
  if (b[i] == 8)
  {  b[i] = 0;
     put(i - 1);  /* 若本行 1~8 均无处放,移动上一行的皇后 */
  }
  for(j = b[i] + 1; j<= 8; j ++ ) /* 从上次位置 +1 列开始查找满足条件的列位
置 */
  { canput = 1;
    for (k = 1; k<i; k ++ )
      if ( j == b[k] || ( abs(i - k) == abs(j - b[k]) ) )
      {
  canput = 0;
  break;
      }
    if (canput) break;
  }
  if (canput)
```

```
    { b[i] = j;         /* 能放则放入,接着放下一行 */
      put(i + 1);
    }
    else
    { b[i] = 0;
      put(i - 1);   /* 若本行1～8均无处放,移动上一行的皇后 */
    }
}
```

4.3　有一个 4×4 的棋盘。

① 如何把 10 个棋子放在棋盘上,使得水平、垂直或对角线上含有偶数个棋子的直线最多?输出该直线数(设为 max 条)。

② 满足上述 max 条最多直线数的摆法有几种?输出相应的每种不同摆法。

例如:(●表示摆了棋子,○表示未摆棋子)

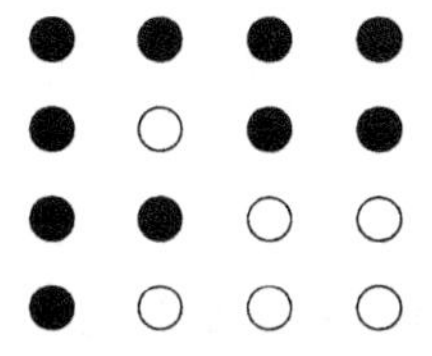

以上的摆法:行 2 条+列 4 条+对角线 1 条=7 条直线含有偶数个棋子。

分析:问题归结为把 10 个 1 摆入数组 0,0,0,0, 0,0,0,0, 0,0,0,0, 0,0,0,0 中组成所有可能的排列,由此找出使得水平、垂直或对角线上含有偶数个棋子的直线最多的矩阵。

```
int qp[100]; /* 棋盘 */
int f[101]; /* f[i] 表示第 i 个棋子放在 qp[f[i]]处.
           例如:f[4] = 8 则第 4 个棋子放在 qp[8]处 */
int max = 0;
long putmaxnum = 0; /* 满足上述 max 条最多直线数的摆法有几种 */
int number,len; /* number 表示棋子的个数, len 为棋盘方阵的阶数 */


linenum(int a[], int m)
/* 求含有偶数个棋子的直线个数.a[]为棋盘数组,m 为棋盘方阵的阶数,本例 m = 4 */
{int i,j,k,n = 0;
 for (i = 0;i<m;i ++ )
 {   k = 0;
     for(j = 0;j<m;j ++ )
       if(a[i * m + j]) k ++ ;
```

```
    if (k>0 && k%2==0) n++; /*行*/

    k=0;
    for(j=0; j<m;j++)
      if(a[j*m+i]) k++;
    if (k>0 && k%2==0) n++; /*列*/
  }
  k=0;
  for (i=0; i<m; i++)
    if(a[i*m+i]) k++;
  if (k>0 && k%2==0) n++; /*对角线*/

  k=0;
  for (i=0; i<m; i++)
  {  if(a[i*m+m-1-i]) k++;
  }
  if (k>0 && k%2==0) n++; /*对角线*/

  return n;
}

print(int a[], int m)
{int i,j;
  for (i=0; i<m; i++)
  { for (j=0; j<m; j++)
    printf("%d ",a[i*m+j]);
    printf("\n");
  }
  printf("按任意键继续...   \n");
  getch();
}

put(int seat, int num)
/*摆放过程, seat=1..len*len位置,num表示当前摆第num个棋子 */
{int i,j,l;
```

```
  for (i = seat; i<len * len; i ++ )
  { f[num] = i;
    if (num<number) put(i + 1,num + 1);
    else
    {   for(j = 1;j< = number;j ++ )
    qp[f[j]] = 1;
    l = linenum(qp,len);
      if (l>max) max = l;
      for (j = 1; j< = number; j ++ )
    qp[f[j]] = 0;
    }
  }
}

put1(int seat, int num)
/ * 摆放过程, seat 表示当前摆放的位置,num 表示当前摆第 num 个棋子 * /
{int i,j,l;
  for (i = seat; i<len * len; i ++ )
  { f[num] = i;
    if (num<number) put1(i + 1,num + 1);
    else
  {   for(j = 1;j< = number;j ++ )

  qp[f[j]] = 1;
    l = linenum(qp,len);
    if (l = = max)
    {
  print(qp,len);
  putmaxnum ++ ;
    }
    for (j = 1; j< = number; j ++ )
  qp[f[j]] = 0;
   }
  }
}
```

```
main()
{ printf("请输入棋盘方阵的阶数和棋子的个数:");
  scanf("%d%d",&len,&number);
  put(0,1);
  printf("直线数为%d\n",max);
  put1(0,1);
  printf("摆法数为%ld\n",putmaxnum);
}
```

4.4 农夫带着狼、羊、青菜过河。农夫不在时,狼会吃羊且羊会吃青菜。每次摆渡农夫只能带一样东西。编程显示过河方法,要求摆渡次数最少。

(答案:羊 a—>b,a<—b,菜 a—>b,a<—b 羊,狼 a—>b,a<—b,羊 a—>b[a,b 分别表示两岸])

分析:用数组 a[3],b[3]表示两岸,a[0]与 b[0]表示青菜,a[1]与 b[1]表示羊,a[2]与 b[2]表示狼,元素值为 0 则空,元素值为 1 表示存在.由 a 岸到 b 岸,初始 a[0]=1,a[1]=1,a[2]=1,b[0]=0,b[1]=0,b[2]=0,当 b[0]=1,b[1]=1,b[2]=1,a[0]=0,a[1]=0,a[2]=0 时则成功渡过河。

摆渡时:1.应避免东西被吃;

2.每次刚带来的东西不能马上再带回到对岸;

3.优先尝试由 b 岸到 a 岸空船。

```
main()
{int a[3]={1,1,1},b[3]={0,0,0};
  int i,j,ti=-1,tj=-1; /*ti,tj 记录上次带的东西,值为-1表示没带东西*/
  char str[3][3]={"菜","羊","狼"};
  clrscr();
  while (1)
  { for (i=0;i<3;i++)          /*尝试从 a 岸到 a 岸*/
      if ( (tj != i) && (a[i]))
      {
    a[i]-=1;
    b[i]+=1;
    if ( check(a) )
    { printf("%s a----->b  ",str[i]);
      prnstatus(a,b,str);
      ti=i;
      break;
```

```
    }
    else
    { a[i] += 1;
      b[i] -= 1;
    }
        }
     if (b[0] && b[1] && b[2]) break;
     if ( check(a) && check(b) )
     { printf("   a<-----b   ");
       prnstatus(a,b,str);
       tj = -1;
     }
     else
     { for (j = 0;j<3;j ++ )
         if ( (ti != j) && b[j] )
       {
    a[j] += 1;
    b[j] -= 1;
     if ( check(b) )
    {  printf("   a<-----b %s",str[j]);
      prnstatus(a,b,str);
      tj = j;
      break;
    }
    else
    { a[i] -= 1;
      b[i] += 1;
    }
  }
     }
  }

}
check(int arr[]) /* 判断是否有东西被吃 */
{ if   (  (arr[0] == 1 && arr[1] == 1 && arr[2] == 0)
```

```
        || (arr[0] == 0 && arr[1] == 1 && arr[2] == 1) )
      return 0;
    else
      return 1;
}

prnstatus(int ar[], int br[], char str[][3])   /*打印两岸状况*/
{int i;
  printf("（a岸现有:");
  for (i = 0;i<3;i++)
    if (ar[i])
      printf("%s ",str[i]);
  printf(".  b岸现有:");
  for (i = 0;i<3;i++)
    if (br[i])
      printf("%s ",str[i]);
  printf(")\n");
}
```

第五章　算式求值

5.1　编程实现两个高精度整数减法，两数分别由键盘输入，均不超过 230 位。输入数据均不需判错。

分析：对于大数相减应该用数组来解题，在相减之前必须先判断被减数还是减数大，然后对其进行不同的操作。

```
# include "math.h"
main()
{char s1[256],s2[256];      /* s1 存放被减数,s2 存放减数 */
 static int s3[256];        /* s3 存放两数相减的结果 */
 int i,j,k,l1,l2;
 printf("请输入被减数:\n");
 gets(s1);
 printf("请输入减数:\n");
 gets(s2);
 for (l1 = 0;s1[l1]! = '\0';l1 ++);        /* 统计被减数的位数 */
   for (l2 = 0;s2[l2]! = '\0';l2 ++);      /* 统计减数的位数 */
     printf("所得的差是:\n");
 i = 0;
 while(s1[i] == s2[i])  i ++ ;
 if ((l1>l2)||(l1 == l2)&&(s1[i]> = s2[i]))/* 判断被减数是否大于减数 */
   { for (i = l1 - 1,k = 0,j = l2 - 1;j> = 0;i -- ,j -- ,k ++)  /* 从低位到高
位依次相减 */
       { if (s1[i]> = s2[j])        /* 若无借位,则直接相减 */
           s3[k] = s1[i] - s2[j];
         else
           { s1[i - 1] -- ;       /* 向高位借位 */
     s3[k] = s1[i] + 10 - s2[j];       /* 借位后相减 */
           }
```

```
            }
        for (j = i - 1;(s1[j]<'0')&&(j> = 0);j -- )
            { s1[j] = s1[j] + 10;
              s1[j - 1] -- ;
            }
        for (;i> = 0;i -- ,k ++ )
            s3[k] = s1[i] - '0';
      }
    else         /* 被减数小于减数 */
      { for (i = l2 - 1,k = 0,j = l1 - 1;j> = 0;i -- ,j -- ,k ++ )
            { if (s2[i]> = s1[j])
                 s3[k] = s2[i] - s1[j];      /* 减数减去被减数 */
              else
                 { s2[i - 1] -- ;       /* 向高位借位 */
        s3[k] = s2[i] + 10 - s1[j];
                 }
            }
        for (j = i - 1;(s2[j]<'0')&&(j> = 0);j -- )
            { s2[j] = s2[j] + 10;
              s2[j - 1] -- ;
            }
        for (;i> = 0;i -- ,k ++ )
            s3[k] = s2[i] - '0';
        printf("-");        /* 结果应为负数 */
      }
    for (;s3[k] == 0;k -- );    /* 去掉结果的前面部分的零 */
     if(k == - 1) printf("0"); /* 若结果全为零,则 k = - 1,应打印一个"0" */
    for (;k> = 0;k -- )  printf(" %d",s3[k]);
    getch();
   }
```

5.2 编程求由键盘输入的两个高精度数(均为正数)的差。

分析:本题必须用数组来解题,可将被减数与减数的整数和小数部分分开来处理,以降低复杂度。

```
main()
   {char s1[230],s2[230];
```

```
char s3[230];
int z1 = 0,z2 = 0,x1 = 0,x2,t,i,flag = 0,m,j;
printf("请输入被减数:");
gets(s1);
printf("请输入减数:");
gets(s2);
while(s1[z1]>='0'&&s1[z1]<='9') /*统计被减数的整数部分的位数*/
  z1++;
while(s2[z2]>='0'&&s2[z2]<='9') /*统计减数的整数部分的位数*/
  z2++;
x1 = strlen(s1) - z1 - 1;/*统计被减数的小数部分的位数*/
x2 = strlen(s2) - z2 - 1;/*统计减数的整数部分的位数*/
t = strlen(s1);
/*下面部分是对两数的小数和整数部分的位数进行判断,并对位数少的进行
   补零操作*/
if (x1<x2)
  { for(i = t;i<t + x2 - x1;i++)/*被减数的小数后面补零,使其位数与减
                                   数相同*/
    s1[i] = '0';
  }
s1[i] = '\0';
t = strlen(s2);
if (x1>x2)
  { for (i = t;i<t + x1 - x2;i++)/*减数的小数后面补零,使其位数与被减
                                   数相同*/
      s2[i] = '0';
  }
s2[i] = '\0';
if (z1<z2)/*被减数的整数前面补零,使其位数与减数的整数位数相同*/
  { for(i = strlen(s1);i>= 0;i--)
      s1[i + z2 - z1] = s1[i];
    for (i = 0;i<z2 - z1;i++)
      s1[i] = '0';
  }
else
```

```
        if (z1>z2)/*减数的整数前面补零,使其位数与被减数位数相同*/
          { for(i=strlen(s2);i>=0;i--)
              s2[i+z1-z2]=s2[i];
            for(i=0;i<z1-z2;i++)
              s2[i]='0';
          }
      for (i=0;i<strlen(s1);i++)
        { if(s1[i]>s2[i]) break;  /*判断被减数是否大于减数*/
          if(s2[i]>s1[i])          /*被减数与减数交换,并置标志位flag*/
            { strcpy(s3,s1);
              strcpy(s1,s2);
              strcpy(s2,s3);
              flag=1;
              break;
            }
        }
      s3[strlen(s1)]='\0';
    /*下面部分是对两数进行按位相减*/
      for(i=strlen(s1)-1;i>=0;i--)
        { if (s2[i]>s1[i])  /*判断被减数的对应位的数是否大于减数的对应位*/
            { m=1;              /*置1,表示有借位*/
              j=i-1;
              while(s1[j]=='0'||s1[j]=='.')  /*改变借位后前几位的值*/
                { if(s1[j]=='.') /*若是小数点,无须改变*/
            j--;
          else
            { s1[j]='9';/*若为零,则借位后为9*/
                      j--;
            }
        }
              s1[j]--;/*若不为零,则借位后应减1*/
            }
          else m=0;        /*清零表示无借位*/
          if (s1[i]=='.')
            s3[i]='.';
```

```
        else
          s3[i] = 10 * m + s1[i] - s2[i] + 48;/ * 根据 m,对两数对应的位进行相
                                                  减,并转换成 ASCII 码
      }
    printf("结果为:");
    if(flag) printf("-");/ * 若结果为负数,则应先打印一个负号 * /
    i = 0;
    while(s3[i ++ ] == '0'&&s3[i]!= '.');/ * 略去前面的零 * /
    for(i = i - 1;i<strlen(s3);i ++ )
     printf(" % c",s3[i]);
    printf("\n");
    getch();
  }
```

5.3　编程求由键盘输入的两个高精度实数(均为正数,整数和小数位数不超过 250 位)的和。

分析:本题的思路与"大数相减"类似。

```
  #define N 300
  #include "stdio.h"
  #include "string.h"
  main()
  { char s1[N],s2[N];
    static int s[N + 1];
int dec1 = 0,dec2 = 0,dec,i,j,l;
printf("请输入两个实数:");
    scanf(" % s % s",s1,s2);
    while ( s1[dec1] && '0'< = s1[dec1] && s1[dec1]< = '9' )
      dec1 ++ ;
    while ( s2[dec2] && '0'< = s2[dec2] && s2[dec2]< = '9' )
      dec2 ++ ;
    if (dec1>dec2)   / * 整数部分对齐 * /
      { shift(s2,dec1 - dec2);
        dec = dec1;
      }
    else
      { shift(s1,dec2 - dec1);
```

```
        dec = dec2;
    }
  dec1 = strlen(s1) - dec;
  dec2 = strlen(s2) - dec;
  if (dec1>dec2)  /* 小数部分对齐 */
    shift1(s2,dec1 - dec2);
  else
    shift1(s1,dec2 - dec1);
  i = j = 0;
  while ( s1[i] )
    { if ( s1[i]!='.' && s2[i]!='.' )
        { l = s1[i] + s2[i] - 2 * 48;
          s[j + 1] = l;             /* 由左至右,即高位加先加 */
          j++ ;
        }
      i++ ;
    }
  for (i = j; i>0; i--)  /* 进位 */
    { s[i - 1] += s[i]/10;
      s[i] = s[i] % 10;
    }
  if( s[0]!= 0 )  printf("%1d",s[0]);
  for (i = 1; i<= j; i++)
    { if (i == dec + 1) printf(".");
      printf("%1d",s[i]);
    }
  printf("\n");
}

shift(char s[], int n) /* 前补 n 个'0' */
{int i;
  for (i = strlen(s); i>= 0; i--)
    s[i + n] = s[i];
  for (i = 0; i<n; i++)
    s[i] = '0';
```

```
  }

  shift1(char s[], int n) /* 后补n个'0' */
{int i,l=strlen(s);
    for (i=0; i<n; i++)
      s[l+i]='0';
    s[l+n]='\0';
  }
```

5.4　输入一表达式,对该表达式的括号进行配对检查。

分析:本题可设置两个变量a,b,分别用来统计"("与")"的个数。

```
main()
{int a=0,b=0,n=1;
  char c='a';
  while ((c!='=')&&(c!='\n'))
    { scanf("%c",&c);
      if (c=='(') a++;
      if (c==')') b++;
      if (b>a)   /* 先出现右括号 */
        { printf("第%d个')'出错! \n",b);
     n=0;
     break;
             }
        }
    if (n!=0)
    if (a>b)
      printf("第%d个'('没有配对! \n",b+1);
  else printf("输入正确! \n");
}
```

5.5　编一程序对输入的含有大、中、小括号的表达式进行括号配对检查。

分析:本题的解法类似用堆栈的原理。

```
  #include "stdio.h"
  main()
   {int i=1;
    char a;
    static char c[255];
```

```
    printf("请输入表达式:\n");
    while ((a=getchar())!='\n')
      {switch(a)
        {case '{':c[i++]='}';break;
         case '[':c[i++]=']';break;
         case '(':c[i++]=')';break;
         case '}':
         case ']':
         case ')':if (c[--i]!=a) {printf("对不起! 符号不匹配! \n"); return;}
        }
      }
    if (i==1)
      printf("表达式正确! \n");
    else printf("对不起! 符号不匹配! \n");
    getch();
  }
```

第六章　文件、字符、指针处理

6.1　该程序模拟了DOS操作系统中的TYPE命令的功能。

```
#include "stdio.h"
main(argc,argv)
int argc;
char *argv[];
{ FILE *f1;
  char ch;
  clrscr();
  if (argc==1)
    { printf("请输入文件名:");
      scanf("%s",argv[1]); }
  if ((f1=fopen(argv[1],"r"))==NULL)
    { printf("不能打开文件! \n"); exit(0); }
  while (! feof(f1))
    putchar(fgetc(f1));
  fclose(f1);
  }
```

6.2　一、从键盘上输入5名学生的成绩，存在A盘Tstul.at文件中。

参考数据

name	number	gr1	gr2	gr3	sum
a	1	80	76	85	
b	2	93	87	90	
c	3	65	72	75	
d	4	83	92	75	
e	5	100	100	90	

二、从A盘调入文件Tstul.at并显示在屏幕上，累计总分后，按总分由高到低排序

后，显示在屏幕上，并将排序结果存在 A 盘 Tstu2. dat 文件中。

```
/ * TXS3.C * /
#include "stdio.h"
#define LEN sizeof(st)
main()
{ FILE *f1;
  int i,j,k;
  char ss[10];
  struct student
   { char name[10];
     char number[10];
     int gr[3];
     int sum;
   } st;
  f1 = fopen("A:\\tstu1.dat","wb");
  for(i = 0;i<5;i ++ )
    { printf("    %d",i + 1);
      gets(st.name);
      gets(st.number);
      for (j = 0;j< = 2;j ++ )
    { gets(ss);
     st.gr[i] = atof(ss);
    }
      fwrite(&st,LEN,1,f1);
   }
  fclose(f1);
 }
/ * Txs4.C * /
#include "stdio.h"
#define LEN sizeof(st)
main()
{FILE *f1;
 int i,j,k;
 double tem;
 char ss[10];
```

```
 struct student
  {char name[10];
   char number[10];
   int gr[3];
   int sum;
   } * std[5],st;
   f1 = fopen("A:\\tstu1.dat","wr");
  for(i = 0;i<5;i ++ )
  {printf("    % d",i + 1);
   fread(std[i],LEN,1,f1);
    * std[i].sum = * std[i].gr[0] + * std[i].gr[1] + * std[i].gr[2];
   }
   for(i = 0;i<4;i ++ )
   for(j = i + 1;j<5;j ++ )
    if (std[i].sum<std[j].sum)
      {tem = std[i];
    std[i] = std[j];
    std[j] = tem;
    }
  fclose(f1);
 }
```

6.3　该程序模拟了 DOS 操作系统下的 COMP 命令的功能。

```
#include "stdio.h"
main(argc,argv)
int argc;
char * argv[];
{ FILE * f1, * f2;
  char ch;
  int error = 0;
  clrscr();
  switch (argc)
    { case 1:
  printf("请输入源文件名与目标文件名:");
  scanf(" % s % s",argv[1],argv[2]);
  break;
```

```
        case 2:
    printf("请输入目标文件名:");
    scanf("%s",argv[2]);
    break;
      }
    if (((f1 = fopen(argv[1],"rb")) == NULL)||((f2 = fopen(argv[2],"rb")) == 
NULL))
      { printf("打开文件错误! \n");
        fclose(f1);
        fclose(f2);
        exit(0);
      }
    while (! feof(f1)&&! feof(f2))
      if (fgetc(f1)!= fgetc(f2))
         if ( ++ error> = 20)
    { printf("这两个文件有太多的不同,不能比较! \n");
      fclose(f1);
      fclose(f2);
      exit(0);
    }
    if (! feof(f1)||! feof(f2))
       printf("这两个文件大小不相等!");
    else
      if (error == 0)
         printf("这两个文件相同! \n");
      else printf("这两个文件有%d处不同! \n",error);
    fclose(f1);
    fclose(f2);
  }
```

第七章　数字组合

7.1　将1～6填入下面的方格中，要求每行右边的数比左边的大，每行下边的数比上边的数大。

[ ] [ ] [ ]
[ ] [ ] [ ]

答案:1 2 3　1 2 4　1 2 5　1 3 4　1 3 5
　　4 5 6　3 5 6　3 4 6　2 5 6　2 4 6

分析:依题意，可用一维数组 aa[6]来表示各方格，用 bb[6]标志各个方格的状态(填入数据否)，然后，对每填入一个数据就进行判断，满足继续填，否则跳出循环。

```
int proc();
void prin();
int aa[6],bb[6];
main()
{int i,j;
 clrscr();
 aa[0] = 1;aa[5] = 6; /* 初始化,根据题意,aa[0]必定最小,aa[5]必定最大 */
 for (i = 2;i<6;i ++ ) bb[i] = 1;
 printf("\n");
 for (aa[1] = 2;aa[1]<4;aa[1] ++ ) /* aa[1]最大只可能是 3 */
  if (proc(1,aa[1]))
  {for (aa[2] = 3;aa[2]<6;aa[2] ++ )
   if (proc(2,aa[2]))
    {for (aa[3] = 2;aa[3]<5;aa[3] ++ )
     if (proc(3,aa[3]))
      {for (aa[4] = 3;aa[4]<6;aa[4] ++ )
       if (proc(4,aa[4]))
     {prin();
```

```
        bb[aa[4]] = 1;
        }
          bb[aa[3]] = 1;
          }
        bb[aa[2]] = 1;
        }
      bb[aa[1]] = 1;
      }
    getch();
   }

   int  proc(int i,int j)
     {int t = 0;
      if (bb[j])
      {if (i == 3)  /* 表示第二行第一列,所填入的数必定满足要求 */
        {aa[i] = j;
         bb[j] = 0;
         t = 1; /* t 为 1,表示满足要求 */
        }
      if ((i<3)&&(aa[i-1]<j)) /* 表示是第一行元素,只需与左边数比较 */
        {aa[i] = j; t = 1; bb[j] = 0;}
          else if((i>3)&&(aa[i-1]<j)&&(aa[i-3]<j))
          {aa[i] = j;t = 1; bb[j] = 0;}
      }
      return(t);
     }

   void prin()
   {int i;
    for (i = 0;i<6;i++)
    {printf("%6d",aa[i]);
     if (i == 2) printf("\n"); /* 表示第二行开始,因此需换行 */
     }
    printf("\n\n");
   }
```

7.2　输入一矩阵的行数以及该矩阵的元素，求出该矩阵的对角线和。

分析：本题的关键是确定对角线上的元素，仔细观察后，可知对角线上的元素为 b[i][i]与 b[i][m+1-i](注：数组的 0 行与 0 列不用)，对于奇矩阵，还应加上中心元素的值。

```
main()
{int i,j,m,sum = 0,b[16][16];
  printf("请输入行号:");
  scanf("%d",&m);
  printf("请输入数组元素:\n");
  for (i = 1;i< = m;i ++ )
    for (j = 1;j< = m;j ++ )
scanf("%d",&b[i][j]);
  for (i = 1;i<(m + 1)/2;i ++ )
    sum += b[i][i] + b[i][m + 1 - i] + b[m + 1 - i][m + 1 - i] + b[m + 1 - i][i];
  if (((m + 1)/2)!= (m/2)) sum += b[(m + 1)/2][(m + 1)/2]; /* 判断是奇矩阵否 */
  printf("该矩阵的对角线之和是: %d\n",sum);
getch();
}
```

7.3　找出一个二维数组中的鞍点，即该位置上的元素在该行上最大，在该列上最小。也可能没有鞍点。

```
main()
{int i,j,k,l,m,n,v,w,y,z,max,min,sum = 0,b[16][16],c[16];
 printf("请输入矩阵的行数和列数:");
 scanf("%d%d",&m,&n);
 printf("请输入矩阵元素:\n");
 for (i = 1;i< = m;i ++ )
   for (j = 1;j< = n;j ++ )
     scanf("%d",&b[i][j]);
 for (i = 1;i< = m;i ++ )
  {max = b[i][1];v = 1;c[1] = 1;
   for (j = 2;j< = n;j ++ )
     {if (b[i][j] == max)
       {v ++ ;
        c[v] = j;
       }
      if (b[i][j]>max)
```

```
        {v=1;
         max=b[i][j];
         c[1]=j;
        }
      }
    for (l=1;l<=v;l++)
      {w=1;
       for (k=1;k<=m;k++)
        if (b[k][c[l]]<max)
         {w=0;
    break;
         }
        if (w!=0)
         {sum++;
    printf("第%d个鞍点是:第%d行第%d列的%d;\n",sum,i,c[l],max);
         }
      }
    }
  getch();
 }
```

第四部分　《C 语言程序设计》习题参考答案

第一章　习题答案

一、单项选择题

1. C　2. C　3. C　4. D　5. C　6. D　7. D　8. B　9. D　10. C

二、程序题

1. 请参照本章例题,编写一个C程序,输出以下信息:

****

Very Good!

****

```
#include <stdio.h>
main()
{
Printf (" ************ \n");
printf ("Very Good! \n");
printf (" ************ \n");
}
```

2. 编写一个程序,输入a b c三个值,输出其中最大者。

```
#include<stdio.h>
void main()
{
 int a,b,c;
 printf("input a,b,c\n");
 scanf(" %d %d %d",&a,&b,&c);
 if(a>b)
  if(a>c)printf("max = %d",a);
  else
   printf("max = %d",c);
 else if(b<c)printf("max = %d",c);
    else printf("max = %d",b);
}
```

第二章　习题答案

一、简答题(略)

二、选择题

1. D　2. B　3. D　4. B　5. B　6. A　7. D　8. C　9. B
10. D　11. B　12. B　13. D　14. B　15. D　16. C　17. D

第三章　习题答案

3-1　输入两个正整数 m 和 n,求它们的最大公约数和最小公倍数。

```
#include<stdio.h>
main()
{
    int m,n,c,a,b;
    printf("please input two numbles:");
    scanf("%d,%d",&m,&n);
    a=m;
    b=n;
    c=a%b;
    while(c!=0)
    {
        a=b;
        b=c;
        c=a%b;
    }
    printf("themax is %d\n",b);
    printf("the min is %d\n",m*n/b);
}
```

一、选择题

1. B　2. D　3. A　4. A　5. B　6. C　7. A　8. C　9. B　10. B

二、填空题

1. int i;　　　　i%3==0 || i%5==0 || i%8==0
2. b=0;　　　　count++;
3. f1=1;　　　　i=3;i<=30;i=i+2
4. for(k=1; k<=35; k++)
5. count=count+1; 或 count++;

三、编程题

1. 请编写代码求500以内的所有的素数之和。

```
#include <stdio.h>
#include <math.h>
main()
{
    int sum = 0, i, j, yes;
    for(i = 2; i< = 500; i ++ )
    {
        yes = 1;
        for(j = 2; j< = sqrt(i); j ++ )
            if(i % j == 0)
            {
                yes = 0;
                break;
            }
        if(yes) sum += i;
    }
    printf(" % d\n", sum);
}
```

运行结果:21536

2. 求四位的奇数中,每位数字之和是30的倍数的数的累加和。

```
#include<stdio.h>
main()
{
    int ge,shi,bai,qian;
    long int result = 0;
```

```
    for( ge = 0; ge< = 9; ge ++ )
        for(shi = 0; shi< = 9; shi ++ )
            for(bai = 0; bai< = 9; bai ++ )
                for(qian = 1; qian< = 9; qian ++ )
                    if((ge + shi + bai + qian) % 30 = = 0                &&
(qian * 1000 + bai * 100 + shi * 10 + ge) % 2! = 0)
                        result + = (qian * 1000 + bai * 100 + shi * 10 + ge);
    printf(" % ld\n",result);
}
```

运行结果:411090

3. 用一元纸币兑换一分、两分和五分的硬币,要求兑换硬币的总数为 50 枚,问共有多少种换法(注:在兑换中一分、两分或五分的硬币数可以为 0 枚)?

```
#include<stdio.h>
main()
{
    int one,two,five,cout = 0;
    for(five = 0; five< = 20; five ++ )
        for(two = 0; two< = 50; two ++ )
            for(one = 0; one< = 100; one ++ )
                if( five * 5 + two * 2 + one = = 100 && five + two + one = = 50)
                    cout ++ ;
    printf(" % d\n",cout);
}
```

运行结果:13

4. 一球从 100 米高度自由落下,每次落地后反跳回原高度的一半;再落下,求它在第 12 次落地时,第 12 次反弹多高?按四舍五入的方法精确到小数点后面四位。

```
#include "stdio.h"
main()
{
    float hn,sn = 100.0;
    int i;
    hn = sn/2;
    for(i = 2; i< = 12; i ++ )
        hn/ = 2;
    printf(" % .4f",hn);
}
```

运行结果:0.0244

5. 所谓回文数是从左至右与从右至左读起来都是一样的数字,如:121。编一个程序,求出在300~900的范围内回文数的个数。

```
#include <stdio.h>
main()
{
    int i,count = 0,low,high;
    for (i = 300; i< = 900; i ++ )
    {
        low = i % 10;
        high = i/100;
        if(low == high)
            count ++ ;
    }
    printf("%d\n",count );
}
```

运行结果:60

6. 已知S=2+(2+4)+(2+4+6)+(2+4+6+8)+…,求S<=10000的最大值S。

```
#include <stdio.h>
main()
{
    int i,j,k,s = 0,sum = 0;
    for(k = 2;; k += 2)
    {
        s = s + k;
        sum = sum + s;
        if(sum>10000) break;
    }
    sum = sum - s;
    printf("%d\n",sum);
}
```

运行结果:9920

第四章　习题答案

一、选择题

(1) B　(2) C　(3) C　(4) A　(5) C　(6) C　(7) B　(8) B　(9) D　(10) B
(11) D　(12) B　(13) B　(14) A　(15) A　(16) D　(17) C　(18) A　(19) D
(20) A

二、填空题

(1) main 函数
(2) 函数首部,函数体
(3) I=7;j=6;x=7　　　　　I=2;j=7;x=5
(4) 111
(5) max is 2
(6) 1010
(7) ＜1.＞ x=2 y=3 z=0　　＜2.＞ x=4 y=9 z=5　　＜3＞ x=2 y=3 z=0

第五章　习题答案

一、选择题

(1) A　(2) A　(3) D　(4) A　(5) C　(6) C　(7) C　(8) B　(9) B　(10) B
(11) D　(12) A　(13) B　(14) C　(15) A　(16) C　(17) B　(18) D　(19) D
(20) B

二、填空题

(1) 4　　(2) 8　　(3) 6
(4) strcat　　(5) putchar　　(6) strcmp
(7) 依次连接 str2 和 str3 构成一个新的字符串
(8) 24　　(9) 20　　(10) 2
(11) 5　　(12) 97　　(13) n
(14) abcd　　(15) 4　　(16) 5

三、编程题

(1) 已知5个整数3,−5,8,2,9,求出最大值,最小值和平均值并输出。

源代码

```
#include <stdio.h>
void main()
{
int a[5] = {3, - 5,8,2,9};
int sum = 0;
float average = 0;
int max = a[0];
int min = a[0];

int i;
for(i = 0; i<5;i ++ )
    sum  += a[i];
average = (float)sum/5;

for(i = 1; i<5;i ++ )
    if(a[i] > max ) max = a[i];

for(i = 1; i<5;i ++ )
    if(a[i] < min ) min = a[i];

printf("最大值为：%d\n", max);
printf("最小值为：%d\n", min);
printf("平均值为：%f\n", average);
}
```

(2) 从键盘输入10个实数,按从小到大的顺序排列起来。

源代码

```
#include <stdio.h>
void sort_bubble(int a[],int n)
{
    int i,j,temp;
    for(i = 0;i<n - 1;i ++ )
```

```
            for(j=i+1;j<n;j++) /*注意循环的上下限*/
                if(a[i]>a[j])
                {
                    temp=a[i];
                    a[i]=a[j];
                    a[j]=temp;
                }
}

void main( )
{
    int i,a[10];
    for(i=0;i<10;i++)
        scanf("%d",&a[i]);

    sort_bubble(a,10);
    for(i=0;i<10;i++)
    {
        printf("%6d",a[i]);
    }
    printf("\n");
}
```

第六章　习题答案

一、选择题

1. B　2. B　3. D　4. D　5. C　6. D　7. A　8. A　9. C
10. C　11. A　12. C　13. D　14. B　15. A　16. D　17. C
18. B　19. D　20. A

二、填空题

1. 整型变量的地址(指针)　2. a[0](数组首地址),a[3]　3. 2
4. &a[1][0]　5. eXAMPLE　6. 2,2
7. 5

8. s[m]!='\0' (*(s+m)== '\0' && *(t+m)=='\0')

9. 3 5   10. s+m-1 t2--

编程题

1. 编写一个函数,将字符串 s 转换为整型数返回并在主函数中调用该函数输出转换后的结果,注意负数处理方法。

解:用指针处理字符串非常方便。使用符号位来处理负数。

```
#include<stdio.h>
int atoi(char s[ ])
{
 int temp = 0,f = 1,i = 0;
 while(s[i]! = '\0'&&s[i]! = ' - '&&(s[i]<'0'||s[i]>'9')) i++;
                                                    //去除串前部无效字符
 if(s[i] == ' - ')                                  //读负号
{
  f = - 1;
  i++;
 }
 if(s[i]<'0'||s[i]>'9') cout<<"error!"<<endl;    //串非法时,输出提示,返回0
        while(s[i]> = '0'&&s[i]< = '9')             //转换数字串
        {
          temp = temp * 10 + s[i] - 48;
          i++;
         }
         return f * temp;
        }
        void main()
        {
         char num[20];
         gets(num);
         printf(" % d\n", atoi(num);
        }
```

2. 编程定义一个整型、一个双精度型、一个字符型的指针,并赋初值,然后显示各指针所指目标的值与地址,各指针的值与指针本身的地址及各指针所占字节数(长度)(其中地址用十六进制显示)。

解：

```
#include<stdio.h>
void main()
{
 int * ip,ival = 100;
 double * dp,dval = 99.9;
 char * cp,cval = 'A';
 ip = &ival;
 dp = &dval;
 cp = &cval;
 printf("%d\t%x\t%d\n", * ip, & * ip, sizeof( * ip));
printf("%d\t%x\t%d\n", * dp, & * dp, sizeof( * dp));
printf("%d\t%x\t%d\n", * cp, (void * )& * cp, sizeof( * cp));
//字符指针输出是字符串,必须强制转换为无类型指针
printf("%x\t%x\t%d\n",ip,&ip, sizeof(ip));
printf("%x\t%x\t%d\n",dp,&dp, sizeof(dp));
printf("%x\t%x\t%d\n",(void * )cp,&cp, sizeof(cp));
}
```

3. 利用指向行的指针变量求 5×3 数组各行元素之和。

解：

```
#include <stdio.h>
void main()
{
    int a[5][3] = {{1,2,3},{4,5,6},{7,8,9},{11,22,33},{44,55,66}};
    int ( * p)[3];
    int i,j,s;
    for(i = 0; i<5; i ++ ){
        p = &a[i]; //指向第 i 行
        s = 0;
        for(j = 0; j<3; j ++ )
            s += * ( * p + j);
        printf("sum of line is:%d = %d\n",i,s);
    }
}
```

4. 编写一个求字符串的函数(参数用指针),在主函数中输入字符串,并输出其长度。

解:

```
#include <stdio.h>
  int fun(char * s)
  {
        int k = 0;
        while( * s! = '\0')
        {
           k++ ;
           s++ ;
        }
      return k;
 }
 void main()
 {
   char str[100];
   printf("String is: \n");
   gets(str);
   printf("length is: %d",fun(str));
 }
```

5. 输入 10 个整数,将其中最小的数与第一个数对换,把最大的数与最后一个数对换。

解:

```
#include <stdio.h>
void main()
{
 void deal(int * );
   int i,a[10], * p;
   p = a;
     for(i = 0;i<10;i++ )
         scanf(" %d",p + i);
     deal(a);
     for(i = 0;i<10;i++ )
         printf(" %4d", * (p + i));
 }
 void deal(int * p)
```

```
    {
      int i,j,k,t;
      k = i = 0;
      for (j = i + 1;j<10;j ++ )
          if( * (p + k)> * (p + j)) k = j;
             t = * (p + i); * (p + i) = * (p + k); * (p + k) = t;
             k = i = 9;
      for(j = i - 1;j> = 0;j -- )
             if( * (p + k)< * (p + j)) k = j;
             t = * (p + i); * (p + i) = * (p + k); * (p + k) = t;
}
```

6. 有若干个学生成绩(每个学生有 4 门课),要求在用户输入学号后,能输出学生的全部成绩。

解:

```
#include<stdio.h>
void main()
{
 float score[ ][4] = {{66,76,86,96},{66,77,88,99},{48,78,89,90}};
 float * serach(float( * pointer)[4],int n);
 float * p;
 int i,m;
 printf("Enter the number of student: ");
 scanf(" % d",&m);                              //输入要查找的学生序号
 printf("The scores of No. % d are:\n",m);
 p = search(score,m);
 for (i = 0,i<4;i ++ )                          //输出第 n 个学生的全部成绩
 printf(" % 6.2f", * (p + i));
 }
 }
 float * search(float ( * pointer)[4],int n)    //函数的返回值为指向实型数
                                                  据的指针
{
 float * pt; pt = * (pointer + n);
//把指针定位在第把指针定位在第把指针定位在第把指针定位在第 n 个学生的第
   一个学生的第一个学生的第一个学生的第一个数据上个数据上个数据上个数
```

```
    据上
  return(pt);                              //函数的返回值第 n 个学生成
                                              绩的首地址
}
```

7. 将一个 5×5 的矩阵中最大的元素放在中心，4 个角分别放 4 个最小的元素，顺序为从左到右，从上到下顺序依次从小到大存放。

解：

```
#include <stdio.h>
void main()
{
  void change (int * );
  int a[5][5], * p,i,j;
  printf("input martix: \n");
  for (i = 0; i<5; i ++)
  {
   for( j = 0; j<5; j ++ )
    scanf(" %d",&a[i][j]);
  }
   p = &a[0][0];
   change(p);
   printf("Now,martix: \n");
  for (i = 0; i<5; i ++ )
  {
   for( j = 0; j<5; j ++ )
    printf(" %d ",&a[i][j]);
     printf("\n");
   }
}
void change(int * p)                       //交换函数的实现
   {
    int i,j,temp;
    int * pmax, * pmin;
    pmax = p;
    pmin = p;
    for (i = 0; i<5; i ++ )                //寻找最大值和最小值
```

```
{
  for (j = i; j<5; j ++ )
{
  if ( * pmax< * (p + 5 * i + j))
 pmax = p + 5 * i + j;
if ( * pmin> * (p + 5 * i + j))
    pmin = p + 5 * i + j;
}
 }
 temp = * (p + 12);                          //最大值换给中心元素
 * (p + 12) = * pmax;
 * pmax = temp;
 temp = * p;
 * p = * pmin;
 * pmin = temp;
 pmin = p + 1;
 for (i = 0; i<5; i ++ )
        for (j = 0; j<5; j ++ );
{
 if (((p + 5 * i + j) ! = p)&&( * pmin> * (p + 5 * i + j)))
  pmin = p + 5 * i + j;
}
temp = * pmin;
* pmin = * (p + 4);
* (p + 4) = temp;
pmin = p + 1;
 for (i = 0; i<5; i ++ )
  for (j = 0; j<5; j ++ )
  {
   if ((((p + 5 * i + j) ! = (p + 4)&&(p + 5 * i + j) ! = p)&&( * pmin> * (p + 5 * i
     + j)))
    pmin = p + 5 * i + j;
  }
       temp = * pmin;
  * pmin = * (p + 20);
```

```
     *(p+20)=temp;
     pmin=p+1;
      for (i=0; i<5; i++)
       for (j=0; j<5; j++)
       {
if(((p+5*i+j)!=p)&&((p+5*i+j)!=(p+4))&&((p+5*i+j)!=(p+20))
 &&(*pmin>*(p+5*i+j)))
          pmin=p+5*i+j;
       }
        temp=*pmin;
        *pmin=*(p+24);
        *(p+24)=temp;
  }
```

8. 有一字符串,包含 n 个字符。编写一个函数,将此字符串中从第 m 个字符开始的全部字符复制成为另一个字符串。

解:

```
#include <stdio.h>
#include <string.h>
void main()
{
 void copystring (char *,char *,int);
 int m;
 char string1[20],string2[20];
 printf("input string: ");
 gets(string1);
 printf("which character that begin to copy ?");
 scanf("%d",&m);
   if (strlen(string1)<m)
     { printf("input error!");}
     else
     {
   copystring(string1,string2,m);
    printf("result: %s\n",string2);
     }
   }
```

```
void copystring(char *p1,char *p2,int m)        //字符串复制函数
{
     int n=0;
 while (n<m-1)
  {
n++;
     p1++;
  }
 while(*p1!='\0')
 {
  *p2=*p1;
  p1++;
  p2++;
 }
 *p2='\0';
  }
```

第七章　习题答案

一、选择题

1. B　2. D　3. C　4. C　5. A　6. C　7. B　8. A　9. B
10. A　11. C　12. C

二、填空题

1. 整型变量的地址(指针)　　2. a[0](数组首地址),a[3]　　3. 2
4. &a[1][0]　　5. eXAMPLE　　6. 2,2
7. 5
8. s[m]!='\0'　(*(s+m)== '\0' && *(t+m)=='\0')　　9. 3　5
10. s+m−1　t2−−

编程题

1. 在学生数据中,找出各门课平均分在85以上的同学,并输出这些同学的信息。

解:
```
#include<malloc.h>
```

```
#define M 5   //学生数
#define N 3   //课程数
struct student
{
        long num;
        char name[20];
        float score[N];
        struct student * next;
};
//创建链表子函数
struct student *create(int n)
{
        struct student *head = NULL, * p1, * p2;
        int i,j;
        for(i = 1;i< = n;i ++ )//逐个创建结点并输入相关数据
        {
             p1 = (struct student * )malloc(sizeof(struct student));
             printf("请输入第%d个学生的学号、姓名及各门课考试成绩:\n",i);
             scanf("%ld%s",&p1->num,p1->name);
             for(j = 0;j<N;j ++ )
                  scanf("%f",&p1->score[j]);
             p1->next = NULL;
             if(i = = 1)
                  head = p1;
             else
                  p2->next = p1;
             p2 = p1;
        }
        return(head);
}
void main()
{
        struct student *head = NULL, * p;
        int i;
            float sum,aver;
```

```
        head = create(M);
        p = head;
        while(p! = NULL)//用指针 p 遍历链表各个结点
        {
            sum = 0;
            for(i = 0;i<N;i ++ )
                sum += p - >score[i];
            aver = sum/N;
            if(aver - 85> - 1e - 6)
            {
                printf("学号：%ld 姓名：%s ",p - >num, p - >name);
                for(i = 0;i<N;i ++ )
                    printf(" %f ",p - >score[i]);
                printf("\n");
            }
            p = p - >next;
        }
    }
```

2. 假设 N 个同学已按学号大小顺序排成一圈，现要从中选一人参加比赛。规则是：从第一个人开始报数，报到 M 的同学就退出圈子，再从他的下一个同学重新开始从 1 到 M 的报数，如此进行下去，最后留下一个同学去参加比赛，问这位同学是几号。

解：

```
#include<stdio.h>
#include<malloc.h>
#define N 8
#define M 3
struct student
{
    long num;
    struct student * next;
};
//创建单向循环链表子函数
struct student  * create(int n)
{
    struct student  * head = NULL, * p1, * p2;
```

```
    int i;
    for(i=1;i<=n;i++)//逐个创建结点并输入相关数据
    {
        p1=(struct student *)malloc(sizeof(struct student));
        printf("请输入第%d个学生的学号:\n",i);
        scanf("%ld",&p1->num);
        p1->next=NULL;
        if(i==1)
            head=p1;
        else
            p2->next=p1;
        p2=p1;
    }
    p1->next=head;
    return(head);
}
void main()
{
    struct student *head=NULL,*p;
    int len,order;
    head=create(N);
    for(len=N;len>1;len--)
    {
        p=head;
        for(order=1;order<M-1;order++)//定位到序号为M-1的结点上
            p=p->next;
        p->next=p->next->next;
        head=p->next;
    }
    printf("最后剩下的同学学号为:%ld\n",head->num);
}
```

3. 设学生信息包括学号和姓名,按姓名字典序输出学生信息。

解:

```
#include<stdio.h>
#include<malloc.h>
```

```
#include<string.h>
#define N 6
struct student
{
	long num;
	char name[20];
	struct student *next;
};
//创建单向链表子函数
struct student *create(int n)
{
	struct student *head=NULL,*p1,*p2;
	int i;
	for(i=1;i<=n;i++)
	{
		p1=(struct student *)malloc(sizeof(struct student));
		printf("请输入第%d个学生的学号和姓名:\n",i);
		scanf("%ld%s",&p1->num,p1->name);
		p1->next=NULL;
		if(i==1)
			head=p1;
		else
			p2->next=p1;
		p2=p1;
	}
	return(head);
}
void main()
{
	struct student *head,*p,*prep;
	int i,j;
	head=create(N);
	for(i=0;i<N-1;i++)
	{
		p=head;
```

```
            for(j = 0;j<N - 1 - i;j ++ )
            {       if(strcmp(p - >name,p - >next - >name)>0)
            {
              //相邻两结点交换位置,之后仍令p指向前边的一个结点
              if(p == head)
              {
                     head = p - >next;
                     p - >next = p - >next - >next;
                     head - >next = p;
                     p = head;
              }
              else
              {
                     prep - >next = p - >next;
                     p - >next = p - >next - >next;
                     prep - >next - >next = p;
                     p = prep - >next;
              }
            }
            //p指向下一个结点,prep指向p的前一个结点
            prep = p;
            p = p - >next;
            }
      }
      for(p = head;p! = NULL;p = p - >next)
            printf(" % ld % s\n",p - >num,p - >name);
}
```

4. 定义一个结构体变量(包括年、月、日),输入一个日期,计算该日在本年中是第几天。要求:考虑闰年问题;输入的信息为数字以外时要提示错误信息;输入的信息超过相应位数时,只取前面相应位数的信息;输入的年月日不正确的时候需要提示错误信息。

解:

```
# include <stdio.h>
# include <stdlib.h>
# include <string.h>
struct date_time
```

```
{
    int year;
    int month;
    int day;
}DATE;
void main()
{
    int i,len,flag,day_cnt;
    char str[50],buf[10];
    struct date_time date;
    int mon[12];
    while(1)
    {
        //初始化月份数组
        for(i = 0;i<12;i++) mon[i] = 31;
        mon[1] = 28;
        mon[3] = 30;
        mon[5] = 30;
        mon[8] = 30;
        mon[10] = 30;
        printf("please input date eg(20010203):");
        memset(str,0,50);
        scanf("%s",str);

        len = strlen(str);//20121212
        if(len! = 8)//长度不对直接报错 0000-9999
        {
            printf("input error! \n");
            continue;
        }
        flag = 1;
        while(len--)//不是数字报错
        {
            if(str[len]<'0'||str[len]>'9')
            {
```

```
                printf("input error! \n");
                flag = 0;
                break;
            }
        }
        if(flag)//如果上面检测有错 不进行 if 里面的操作
        {
            //判断是否为闰年
            memset(buf,0,10);
            strncpy(buf,str,4);
            date.year = atoi(buf);
            //printf("date.year = %d \r\n",date.year);
        if ((date.year % 4 == 0)&&(date.year % 100! = 0)||(date.year %
            400 == 0))mon[1] = 29;
            //判断月份是否合法
            memset(buf,0,10);
            strncpy(buf,str + 4,2);
            date.month = atoi(buf);
            //printf("date.month = %d \r\n",date.month );
            if(date.month>12||date.month<1)
            {
                printf("month input error! \n");
                continue;
            }
            //判断日期是否合法
            memset(buf,0,10);
            strncpy(buf,str + 6,2);
            date.day = atoi(buf);
            //printf("date.day = %d \r\n",date.day);
            if(date.day>31||date.day<1)
            {
                printf("day input error! \n");
                continue;
            }
            //比如输入 20050525  有 4 个月 + 25 天
```

```
                    //把数组前4个月的天数加起来 分别对应数组下标0 1 2 3
                    //所以下面循环要月份减一
                    day_cnt = 0;
                    for(i = 0;i<date.month - 1;i ++ )
                    {
                        day_cnt += mon[i];
                        printf("mon[ %d] = %d \r\n",i,mon[i]);
                    }
                    day_cnt += date.day;
                    printf("days = %d \r\n",day_cnt);
                    break;
            }
        }
}
```

5. 编写一个函数,统计链表中结点个数(编写子函数即可)。

解:

```
struct date
{
    int year;
    int month;
    int day;
};
long lianbiao_len(struct date *p)
{
    struct date *p1 = p;
    short i = 0;//这里要赋初值,从0开始是因为p1 == NULL的时候不算
    while(p1! = NULL)
    {
        p1 = p1 ->next;
        i ++ ;
    }
    return i;
}
```

第八章　习题答案

一、选择题

1. B　2. D　3. C　4. B　5. A　6. D　7. C

二、填空题

1. 数据、程序　2. 数据　3. 二进制、文本　4. 打开一个文件　5. fgetc()、fgets()

附录　全国计算机等级考试
——C 语言程序设计考试大纲(二级)

基本要求

1. 熟悉 Visual C++ 6.0 集成开发环境。

2. 掌握结构化程序设计的方法,具有良好的程序设计风格。

3. 掌握程序设计中简单的数据结构和算法并能阅读简单的程序。

4. 在 Visual C++ 6.0 集成环境下,能够编写简单的 C 程序,并具有基本的纠错和调试程序的能力。

考试内容

一、C 语言程序的结构

1. 程序的构成,main 函数和其他函数。

2. 头文件,数据说明,函数的开始和结束标志以及程序中的注释。

3. 源程序的书写格式。

4. C 语言的风格。

二、数据类型及其运算

1. C 的数据类型(基本类型,构造类型,指针类型,无值类型)及其定义方法。

2. C 运算符的种类、运算优先级和结合性。

3. 不同类型数据间的转换与运算。

4. C 表达式类型(赋值表达式,算术表达式,关系表达式,逻辑表达式,条件表达式,逗号表达式)和求值规则。

三、基本语句

1. 表达式语句,空语句,复合语句。

2. 输入输出函数的调用,正确输入数据并正确设计输出格式。

四、选择结构程序设计

1. 用 if 语句实现选择结构。

2. 用 switch 语句实现多分支选择结构。

3. 选择结构的嵌套。

五、循环结构程序设计

1. for 循环结构。

2. while 和 do-while 循环结构。

3. continue 语句和 break 语句。

4. 循环的嵌套。

六、数组的定义和引用

1. 一维数组和二维数组的定义、初始化和数组元素的引用。

2. 字符串与字符数组。

七、函数

1. 库函数的正确调用。

2. 函数的定义方法。

3. 函数的类型和返回值。

4. 形式参数与实在参数,参数值的传递。

5. 函数的正确调用,嵌套调用,递归调用。

6. 局部变量和全局变量。

7. 变量的存储类别(自动,静态,寄存器,外部),变量的作用域和生存期。

八、编译预处理

1. 宏定义和调用(不带参数的宏,带参数的宏)。

2. "文件包含"处理。

九、指针

1. 地址与指针变量的概念,地址运算符与间址运算符。

2. 一维、二维数组和字符串的地址以及指向变量、数组、字符串、函数、结构体的指针变量的定义。通过指针引用以上各类型数据。

3. 用指针作函数参数。

4. 返回地址值的函数。

5. 指针数组,指向指针的指针。

十、结构体与共同体

1. 用 typedef 说明一个新类型。

2. 结构体和共用体类型数据的定义和成员的引用。

3. 通过结构体构成链表,单向链表的建立,结点数据的输出、删除与插入。

十一、位运算

1. 位运算符的含义和使用。

2. 简单的位运算。

十二、文件操作

只要求缓冲文件系统(即高级磁盘 I/ O 系统),对非标准缓冲文件系统(即低级磁盘 I/O 系统)不要求。

1. 文件类型指针(FILE 类型指针)。

2. 文件的打开与关闭(fopen,fclose)。

3. 文件的读写(fputc,fgetc,fputs,fgets,fread,fwrite,fprintf,fscanf 函数的应用),文件的定位(rewind,fseek 函数的应用)。

考试方式

上机考试,考试时长 120 分钟,满分 100 分。

题型及分值

单项选择题 40 分(含公共基础知识部分 10 分)、操作题 60 分(包括填空题、改错题及编程题)。

考试环境

Visual C++ 6.0。